Kai Schulz **Baukostenplanung kompakt**

Baukostenplanung kompakt

Sichere Kostenermittlung, -steuerung
und -kontrolle

2., überarbeitete Auflage

mit 30 Abbildungen und 42 Tabellen

Dipl.-Ing. Kai Schulz

Beratender Ingenieur
öffentlich bestellter und vereidigter Sachverständiger
für Baupreisermittlung und Abrechnung im Hoch-
und Ingenieurbau (IK-Bau NRW)
öffentlich bestellter und vereidigter Sachverständiger
für Schäden an Gebäuden (IK-Bau NRW)
staatlich anerkannter Sachverständiger für Schall-
und Wärmeschutz

Bibliografische Information der Deutschen Nationalbibliothek
Die Deutsche Nationalbibliothek verzeichnet diese Publikation in der Deutschen Nationalbibliografie; detaillierte bibliografische Daten sind im Internet über https://www.dnb.de abrufbar.

2., überarbeitete Auflage

Maßgebend für das Anwenden von Normen ist deren Fassung mit dem neuesten Ausgabedatum, die bei der Beuth Verlag GmbH, Burggrafenstraße 6, 10787 Berlin, erhältlich ist. Maßgebend für das Anwenden von Regelwerken, Richtlinien, Merkblättern, Hinweisen, Verordnungen usw. ist deren Fassung mit dem neuesten Ausgabedatum, die bei der jeweiligen herausgebenden Institution erhältlich ist. Zitate aus Normen, Merkblättern usw. wurden, unabhängig von ihrem Ausgabedatum, in neuer deutscher Rechtschreibung abgedruckt.

Das vorliegende Werk wurde mit größter Sorgfalt erstellt. Verlag und Autor können dennoch für die inhaltliche und technische Fehlerfreiheit, Aktualität und Vollständigkeit des Werkes keine Haftung übernehmen.

Wir freuen uns, Ihre Meinung über dieses Fachbuch zu erfahren. Bitte teilen Sie uns Ihre Anregungen, Hinweise oder Fragen per E-Mail: fachmedien.architektur@rudolf-mueller.de oder Telefax: 0221 5497-6141 mit. Über k.schulz@ibks.net können Sie auch direkt mit dem Autor in Kontakt treten.

Lektorat: Petra Lindner, Kescheid
Umschlaggestaltung: Satz+Layout Werkstatt Kluth GmbH, Erftstadt
Satz: Hackethal Producing, Bonn
Druck und Bindearbeiten: Westermann Druck Zwickau GmbH, Zwickau

Printed in Germany

ISBN 978-3-481-03995-0 (Buch-Ausgabe)
ISBN 978-3-481-03996-7 (E-Book als PDF)
ISBN 978-3-481-03997-4 (Buch + E-Book)

Vorwort

Seit der Veröffentlichung der ersten Auflage hat sich einiges getan. Die Erstauflage ist vergriffen, Normen im Bereich der Kostenberechnung und Kostensteuerung von Baukosten haben sich geändert oder sind neu erschienen. Beides ließ den Gedanken entstehen, das Handbuch neu aufzulegen und in diesem Zuge zu überarbeiten und an die Änderungen der Normen und Vorschriften anzupassen. Ziel blieb es, weiterhin eine kompakte Hilfestellung für eine effiziente Kostenplanung und Kostensteuerung zu bieten.

In dieser zweiten Auflage des Handbuches „Baukostenplanung kompakt" wurden Anpassungen bezüglich der Änderungen der Normen DIN 276 und DIN 277-1 vorgenommen. Des Weiteren wurde das Beispiel aus der ersten Auflage durch ein neues ersetzt. Nun kann anhand einer Wohnvilla eine praxisnahe und effiziente Kostenplanung nachvollzogen werden. Zusätzlich zeigt ein Exkurs zum Thema Building Information Modeling (BIM) aktuelle Möglichkeiten auf und nimmt Stellung zu der Thematik in Bezug auf die Kostenermittlung im Baubereich.

Das Handbuch ist ein Leitfaden für Architekten und Ingenieure, die im Rahmen ihrer Tätigkeit ein durchgängiges und transparentes Baukostenkonzept realisieren möchten. Das Buch bietet eine Hilfestellung, wie in welcher Projektphase und mit welchen Mitteln eine sichere und effiziente Kostenplanung durchgeführt werden kann.

Es zeigt Schritt für Schritt, wie Baukosten ermittelt, aufgestellt, überwacht und eingehalten werden. Dadurch wird das Haftungsrisiko des Planers minimiert und seine Marktstellung verbessert. Eine fundierte Baukostenplanung schafft Vertrauen und Sicherheit.

Das Buch begleitet den Planer vom Entwurf bis hin zur Fertigstellung und Nutzung eines Bauprojektes. Checklisten und Formblätter erleichtern die praktische Umsetzung der Baukostenplanung.

Typische Kostenkennwerte im Anhang helfen bei der Kostenplanung und dienen als Anregung, eigene Kostendatenbanken aufzubauen.

Sollten Sie Anregungen oder Hinweise haben, freuen sich Verlag und Autor über Ihre Zuschrift.

Für die freundliche Unterstützung bei der Entstehung dieses Buches bedanke ich mich bei meinen Kollegen Matthias Stumpe, Ulrich Müller, Guido Schulz und bei hillekamp + weber architekturstudio. Aufseiten des Verlages Rudolf Müller bedanke ich mich bei Bettina Schürkamp und Franziska Zielke sowie meiner Lektorin Petra Lindner.

Korschenbroich, im Juli 2019 Kai Schulz

 – Hinweise zu digitalen Arbeitshilfen

Die im Buch enthaltenen Arbeitshilfen stehen exklusiv für Buchkäufer zum Download bereit.

Öffnen Sie dazu unsere Plattform www.besser-ausschreiben.de/bkp-download.de.

Dort finden Sie die folgenden Arbeitshilfen zum Download:

- Projektdatenblatt (Word)
- Formblatt Kostenrahmen (Excel)
- Checkliste Kostenschätzung (Word)
- Checkliste Kostenermittlung Rohbau (Word)
- Checkliste Kostenermittlung Ausbau (Word)
- Kostenkennwerte (Excel)
- Beispielprojekt: Kostenschätzung in der zweiten Ebene (Excel)
- Beispielprojekt: ausführungsorientierte Darstellung der Kostenschätzung (Excel)
- Beispielprojekt: vollständige Dokumentation (PDF)

Inhalt

1 Grundlagen

Die Ermittlung der Baukosten ist eine Grundleistung der HOAI (Honorarordnung für Architekten und Ingenieure) und ein elementarer Bestandteil jeder Objektplanung. Die Vorgehensweise der Baukostenermittlung bzw. Kostenplanung ist in DIN 276:2018-12 „Kosten im Bauwesen" festgelegt.

Bereits in frühen Projektphasen ist die Frage der Baukosten ein zentrales Thema einer Projektidee. Neben der Funktion und der ästhetischen Erscheinung eines Bauwerkes sind die Baukosten das entscheidende Kriterium eines Bauprojektes. Ein Projekt, das sich nicht wirtschaftlich umsetzen lässt, wird nicht realisiert. Ausgenommen hiervon sind Prestigebauten, bei denen die Wirtschaftlichkeit nicht im Vordergrund steht. Projekte, die auf Basis einer vermeintlich günstigen Kostenprognose umgesetzt werden und die bei der Realisierung mit erheblichen Kostensteigerungen verbunden sind, können den wirtschaftlichen Ruin eines privaten Bauherrn bedeuten. Bei öffentlichen Projekten resultieren Kostenüberschreitungen in einem Imageverlust von Bauherr und Planer.

Der Bauherr erwartet von seinen Architekten und Ingenieuren ein hohes Maß an Baukostensicherheit. Diese Erwartung wird häufig nicht erfüllt, mit der Folge, dass lukrative Bauaufgaben zunehmend an Generalunternehmer (GU) bzw. Generalübernehmer (GÜ) vergeben werden. Diese garantieren oft einen Festpreis. Dass eine solche Garantie höhere Baupreise bedeutet, wird oft akzeptiert.

Architekten und Ingenieure sind gefordert, durch eine solide Baukostenplanung das Vertrauen der privaten und öffentlichen Bauherren und somit einen Teil des Marktes zurückzugewinnen.

Die Baukostenplanung verlangt Spezialisten mit dem nötigen Fachwissen und der erforderlichen Erfahrung. Darüber hinaus sollten sie die Fähigkeit besitzen, Kostenbewusstsein sicher zu vermitteln.

Die Baukostenplanung beinhaltet neben der Kostenermittlung immer eine Baukostenkontrolle und eine Baukostensteuerung. Die Baukostensteuerung erkennt kostenrelevante Ereignisse im Vorfeld und kann agieren, also steuern, während eine Baukostenkontrolle Abweichungen lediglich feststellt. Baukostenkontrolle und Baukostensteuerung bedingen einander und sind stets mit der Baukostenermittlung abzugleichen.

Die Baukostenplanung ist ein ebenso dynamischer und interaktiver Prozess wie die eigentliche Objektplanung, die immer auf dem vorherigen Planungsprozess aufbaut. Baukostenplanung und Objektplanung sind immer parallel zu sehen. Ein konsequenter Dialog zwischen Baukosten- und Objektplanung ist für den Projekterfolg in allen Planungsphasen unabdingbar.

Nach der Grundlagenermittlung wird beim Projektstart in Bezug auf die Definition der Kostenermittlung differenziert zwischen

- Kostenvorgabe und
- Planungsvorgabe.

Das Ergebnis der Kostenermittlung wird als **Kostenrahmen** bezeichnet.

Eine Kostenvorgabe entspricht dem **Maximalprinzip**. Mit einer Kostenobergrenze wird der Kostenrahmen der Höhe nach fixiert. Aufgabe des Planers ist es, die Planung den Kosten anzupassen. Er muss bei definierten Kosten Qualitäten und Quantitäten maximieren (design to cost). Dies bedeutet, dass möglicherweise Qualitäten und/oder Quantitäten gesenkt werden müssen, damit die Kostenobergrenze nicht überschritten wird. Eine Änderung bzw. Verringerung von Qualitäten und Quantitäten muss der Bauherr bestimmen. Der Planer ist zur transparenten und lückenlosen Dokumentation verpflichtet.

Da beim Maximalprinzip den Baukosten eine entscheidende Rolle zukommt (K.-o.-Kriterium), ist der Anspruch an die Kostenermittlung besonders hoch und der Aufwand für den Planer entsprechend groß. Es handelt sich in der Regel um eine Besondere Leistung, die vertraglich vereinbart und honoriert werden sollte.

Beim **Minimalprinzip** werden Qualitäten und Quantitäten vorgegeben. Aufgabe des Planers ist es, die Baukosten zu minimieren (cost to design). In diesem Zusammenhang ist die Problematik der sog. „erstgenannten Zahl" zu erwähnen. Ein Bauherr wird auf Basis dieser Zahl, also des erstmals dargelegten Ergebnisses der Baukostenermittlung, eine Entscheidung treffen, ob und wie das Projekt fortgeführt wird. Der Projekterfolg wird an dieser Zahl gemessen.

In der Praxis wird vielfach der ermittelte Kostenrahmen als Kostenvorgabe (Kostenobergrenze) für den weiteren Projektverlauf festgeschrieben.

Unterschieden wird bei der Kostenvorgabe zwischen

- Obergrenze und
- Zielgröße.

Bei der Vereinbarung einer **Obergrenze** darf es zu keiner Überschreitung kommen; ein Toleranzrahmen existiert nicht.

Wird eine **Zielgröße** vereinbart, soll der vereinbarte Betrag möglichst genau erreicht werden; es existiert ein Toleranzrahmen. Dessen Größe sollte als Prozentangabe vereinbart werden.

Bei einer Kostenvorgabe handelt es sich um eine Beschaffenheitsvereinbarung. Ihre Überschreitung ist einem Mangel gleichzusetzen.

Praxistipp

Werden Kostenvorgaben vertraglich vereinbart, sind folgende Grundlagen festzulegen:

- Qualitätsmerkmale für den Roh- und Ausbau,
- beinhaltete Kostengruppen (KG),
- Quantitäten im Rahmen eines Raumprogramms,
- Toleranzrahmen,
- Abgrenzung gegenüber nicht kalkulierbaren Risiken, z. B. Baugrundrisiko, Kostensteigerungen bei Rohstoff- und Energiepreisen (es sollte eine Gleitklausel auf Grundlage von statischen Reihen, d. h. eine Indizierung vereinbart werden),
- Umsatzsteuer (nach Möglichkeit sollte eine Kostenvorgabe zuzüglich der Umsatzsteuer vereinbart werden).

Bedarfsplanung

Im Zuge der Bedarfsplanung wird ein **Kostenrahmen** erstellt. Der Kostenrahmen stellt die Gesamtkosten nach Kostengruppen in der ersten Gliederungsebene nach DIN 276 dar. Er dient der Entscheidung über die Bedarfsplanung. Anhand des Kostenrahmens wird eine Kostenvorgabe erstellt, in die die grundsätzlichen Wirtschaftlichkeits- und Finanzierungsüberlegungen einfließen.

Vorplanung

Auf der Grundlage der Vorplanung, der Leistungsphase (LPH) 2 HOAI, wird eine **Kostenschätzung** erstellt. Die Kostenschätzung ist eine Fortschreibung der Kostenermittlung des Kostenrahmens. Nach DIN 276 soll sie als Grundlage für die Entscheidung über die Vorplanung dienen.

Entwurfsplanung

Die LPH Entwurfsplanung beinhaltet die Aufstellung einer **Kostenberechnung**. Nach DIN 276 soll sie die Grundlage für die Entscheidung über die Entwurfsplanung sein.

Ausführungsplanung und Vorbereitung der Vergabe

Die Ausführungsvorbereitung umfasst die LPH Ausführungsplanung (LPH 5 HOAI), Vorbereitung der Vergabe (LPH 6 HOAI).

In dieser Projektphase wird der **Kostenvoranschlag** erstellt. Er ist während dieser 2 Leistungsphasen kontinuierlich fortzuschreiben. Mit der Ausführungsplanung ist eine detaillierter Kostenvoranschlag zu erstellen, der während der Erstellung der LPH 6, also mit Erstellung der Leistungsverzeichnisse, mit den Schätzpreisen verglichen wird. In dieser Projektphase erfolgt ebenfalls eine Umstellung der Kostendarstellung nach Vergabeeinheiten. Die Gliederung nach DIN 276 bleibt jedoch erhalten. Der Kostenvoranschlag dient den Entscheidungen über die Ausführungsplanung und die Vorbereitung der Vergabe.

Vergabe und Ausführung

Nach dem Vorliegen der Angebote wird ein **Kostenanschlag** erstellt. Dieser wird im Zuge des Projektes kontinuierlich fortgeschrieben. Er dient den Entscheidungen über die Vergabe und die Ausführung.

Die in der DIN 276 beschriebene **Kostenfeststellung** der endgültigen Kosten wird der LPH 8 Objektüberwachung zugeordnet. Da die tatsächlich entstandenen Kosten erst mit der Abrechnung sämtlicher Leistungsbereiche feststehen, ist auch während der Ausführung eine Fortschreibung der Kostenberechnung notwendig. Es ist ein ständiger Abgleich zwischen dem Kostenanschlag und den bisher entstandenen Kosten durchzuführen. Das Ergebnis dieses Abgleichs ist eine Prognose der Kostenfeststellung.

Tabelle 1.1: Stufen der Kostenermittlung

Projektphase	**Bezeichnung nach DIN 276**	**Ziel**
Grundlagenermittlung (LPH 1 HOAI)	Kostenrahmen	Festlegung der Kostenvorgabe
Vorplanung (LPH 2 HOAI)	Kostenschätzung	Entscheidung über die Vorplanung
Entwurfsplanung (LPH 3 HOAI)	Kostenberechnung	Entscheidung über die Entwurfsplanung; Weiterführung der Genehmigungs- und Ausführungsplanung
Ausführungsplanung (LPH 5 HOAI) und Vorbereitung der Vergabe (LPH 6 HOAI)	Kostenvoranschlag	Entscheidung über die Ausführungsplanung und Vorbereitung der Vergabe
Vergabe (LPH 7 HOAI) und Ausführung (LPH 8 HOAI)	Kostenanschlag	Entscheidung über die Vergabe und Ausführung
Ausführung (LPH 8 HOAI)	Kostenfeststellung	Ermittlung der tatsächlichen Kosten

Die in Tabelle 1.1 dargestellten Stufen der Kostenermittlung sind für den Architekten eine Grundleistung nach HOAI. Der Architekt haftet für eine mangelhafte Kostenermittlung.

Hierzu zählen Fehler wie

- vergessene Mehrwertsteuer (MwSt.),
- Verwendung unrealistischer Kennwerte,
- grobe Fehler bei der Ermittlung von Bezugsgrößen (Mengenermittlung).

Nicht anzulasten sind dem Architekten Kostenänderungen aufgrund von

- veränderten Rahmenbedingungen, die vorher nicht erkennbar waren,
- Auflagen von Behörden und Trägern öffentlicher Belange, die trotz sorgfältiger Grundlagenermittlung nicht absehbar waren,
- höherer Gewalt, Streik und Ähnlichem,
- Unvorhersehbarkeiten bei Umbauten,
- Baugrundrisiken, die nicht abschätzbar waren.

Inwieweit dem Architekten ein Toleranzrahmen bei den einzelnen Stufen der Kostenermittlung zugestanden werden kann, ist vom Einzelfall abhängig. Feste Werte existieren hierfür nicht.

2 Methoden der Baukostenermittlung

Jedes Projekt durchläuft von der ersten Idee bis zur Fertigstellung verschiedene Phasen. Diese Projektphasen werden in der HOAI als LPH bezeichnet und bestimmen maßgeblich die Methoden der Baukostenermittlung.

Tabelle 2.1 ordnet Methoden und Gliederungstiefe der Baukostenermittlung den LPH und Kostenermittlungsstufen zu.

Jede LPH liefert dem Planer zusätzliche Informationen. Diese Informationen sind die Grundlage der Baukostenermittlung. Je genauer und detaillierter die Informationen sind, umso genauer können die Baukosten bestimmt werden.

Tabelle 2.1: Kostenermittlungsstufen, Methoden und Gliederungstiefe in den verschiedenen LPH nach DIN 276

LPH	**Kostenermittlungsstufe**	**Methode, Gliederungstiefe**
LPH 1 Grundlagenermittlung	Kostenrahmen	Einwertverfahren, bis zur ersten Ebene der Kostengliederung
LPH 2 Vorplanung	Kostenschätzung	Makroelemente (ME), zweite Ebene der Kostengliederung
LPH 3 Entwurfsplanung	Kostenberechnung	Grobelemente (GE) und Feinelemente (FE) nach Leistungsbereichen, dritte Ebene der Kostengliederung
LPH 5/6 Ausführungsplanung/ Vorbereitung der Vergabe	Kostenvoranschlag	Leistungsbereiche und bis zur dritten Ebene der Kostengliederung
LPH 7 Mitwirken bei der Vergabe	Kostenanschlag	Leistungsbereiche
LPH 8 Objektüberwachung	Kostenfeststellung	Leistungsbereiche, bis zur dritten Ebene der Kostengliederung

Hinweis

Die Aufstellung eines Kostenrahmens auf Grundlage einer ersten Skizze erfordert eine andere Methodik (vgl. Kap. 2.2.1) als die Berechnung von Baukosten anhand einer detaillierten Ausführungsplanung.

2.1 Kostenrahmen

Merkmale des Kostenrahmens

Der Kostenrahmen wird in einer sehr frühen Projektphase erstellt. Die dem Planer für die Ermittlung seiner Kostenaussage zur Verfügung stehenden Informationen zum Projekt sind in dieser Projektphase wenig detailliert. Häufig handelt es sich nur um Planungsvorgaben in Form von Flächenangaben. Es wird eine erste Kostenaussage zum Projekt getroffen, die Grundlage der Entscheidung für oder gegen das Projekt oder anderer wichtiger Entscheidungen, wie z. B. einer Änderung des Grundkonzeptes, der Größe, der Qualität oder des Standortes, sein kann. Der Aufwand für die Baupreisermittlung muss in der Regel niedrig gehalten werden.

Hinweis

Häufig besitzt der Planer in dieser Projektphase noch keinen konkreten Planungsauftrag, sodass er seine Leistung im Rahmen der Akquise erbringen muss.

Der Planer muss folgende Aspekte bei der Erstellung des Kostenrahmens berücksichtigen:

- Der Kostenrahmen muss mit verhältnismäßig geringem Aufwand ermittelt werden.
- Fällt die Kostenermittlung zu hoch aus, entscheiden sich die Bauherren vermutlich gegen das Projekt und ein Planungsauftrag wird nicht erteilt.
- Fällt die Kostenermittlung zu niedrig aus, werden die tatsächlichen Kosten das Budget übersteigen, was zu Konsequenzen wie z. B. Nachverhandlungen führt.
- Der Planer wird mit seiner ersten Kostenaussage während des gesamten Projektes konfrontiert.
- Der Planer haftet für eine mangelhafte Kostenermittlung.

2.1.1 Einwertverfahren

Aufgrund der geringen Informationsdichte erfolgt die Ermittlung des Kostenrahmens in der Regel durch das geometrische Einwertverfahren. Hierbei ermittelt der Planer die gesamten Baukosten eines Projektes anhand einer Menge (des sog. Einwertes), die sich aus der Geometrie des Gebäudes ergibt.

Merkmale des Einwertverfahrens

Die Menge wird anhand der Gebäudegeometrie berechnet aus:

- Bruttorauminhalt (BRI) nach DIN 277-1:2016-01 „Grundflächen und Rauminhalte im Bauwesen – Teil 1: Hochbau" oder
- Bruttogrundfläche (BGF) nach DIN 277-1 oder
- Nutzungsfläche (NUF) nach DIN 277-1.

Die Kosten werden mithilfe von Kennwerten ermittelt nach:

- Baukostentabellen (z. B. BKI Baukosten) oder
- eigenen Kennwerten aus vergleichbaren Projekten.

Bei der Anwendung des Einwertverfahrens wird die geometrische Bezugsgröße mit einem passenden Kennwert multipliziert.

Hinweis

Kennwerte basieren auf der Analyse bereits realisierter und abgerechneter Bauwerke. Dabei werden möglichst vergleichbare Bauvorhaben herangezogen.

Beispiel

Ein Bauherr plant die Errichtung einer Villa mit einer Nutzungsfläche von 430 m². Ein Architekt wird mit der Erstellung eines Kostenrahmens beauftragt und berechnet aus der NUF-Angabe eine BGF von 602 m²:

$430\ m^2 \cdot 1{,}4$ (Umrechnungsfaktor NUF zu BGF) $= 602\ m^2$.

Der Architekt greift zur Schätzung der Baukosten auf einen Kostenkennwert aus einem vergleichbaren Projekt zurück. Hierzu nimmt er für die Baukosten (Baukonstruktion und technische Anlagen) 1.800 €/m² inkl. der gesetzlichen MwSt. für die Baukosten in Bezug auf die Bruttogrundfläche an.

Die Baukosten (Baukonstruktion und technische Anlagen) berechnet er mit:

$602\ m^2 \cdot 1.800\ €/m^2 = 1.083.600\ €$

Eine Kostenermittlung wie im obigen Beispiel

- wird in der Praxis häufig angewendet,
- bleibt aber weit hinter den Forderungen der DIN 276 zurück und
- stellt den Planer vor die Aufgabe, sich weitere Informationen zu beschaffen.

Hinweis

Folgende Mindestinformationen sind für die Ermittlung des Kostenrahmens in Anlehnung an die DIN 276 nötig:

- quantitative Angaben, z. B. Raumprogramm mit Nutzeinheiten sowie Funktionselementen und deren Flächen,
- qualitative Angaben, z. B. bautechnische Anforderungen, Funktionsanforderungen und Ausstattungsstandards,
- weitere Angaben, z. B. Angaben zum Standort und zur geometrischen Form.

Beispiel

Es soll die Villa als Wohnhaus aus dem obigen Beispiel mit einer vorgegebenen NUF von 430 m^2 errichtet werden.

Bei den weiteren Planungen des Gebäudes entsteht der Wunsch beim Bauherrn nach einer großräumigeren Garage. Die ursprüngliche Nutzungsfläche mit 430 m^2 erhöht sich damit um 40 m^2 auf 470 m^2. Dies entspricht einer BGF von 658 m^2 und einer **Baukostenerhöhung um etwa 8,5 %.**

Bei der Planung stellt sich heraus, dass der Bauherr für das Gebäude eine hochwertige und aufwendige Haustechnik für den Bereich der Wärme- und Kühlversorgung sowie eine Fotovoltaikanlage wünscht. Eine Anpassung des Kostenkennwerts auf 1.935 €/m^2 BGF bedeutet eine weitere **Baukostenerhöhung um 7,5 %**.

Mit den zusätzlichen Informationen sieht die Kostenermittlung jetzt wie folgt aus:

Für das geplante Gebäude ergibt sich eine BGF von 658 m^2.

Das Einwertverfahren kommt für die KG 300 und 400 gemäß DIN 276 zu folgendem Ergebnis:

658 m^2 · 1.935 €/m^2 = 1.273.230 €.

Der Vergleich der beiden Beispiele zeigt, dass bereits wenige zusätzliche Informationen große Auswirkungen auf die berechneten Baukosten haben. Im Beispiel ergibt sich eine Baukostenerhöhung von 189.630 € oder 17,5 %.

Nach dieser ersten Abschätzung der Baukosten beginnt der Planer, das Gebäude näher zu skizzieren. So wird die Grundlage für die Erstellung des Kostenrahmens geschaffen.

Hinweis

Erläuternde Skizzen ermöglichen weitere quantitative Aussagen zum Raumprogramm und damit eine genauere Abschätzung der Kosten.

Aufgrund der fortschreitenden Planung und detaillierterer Zeichnungen kann im vorliegenden Beispiel eine Berechnung der BGF erfolgen. Daraus ergibt sich eine BGF von 615 m^2.

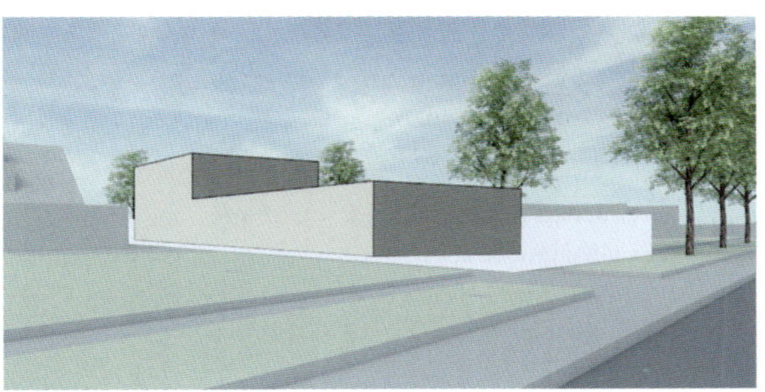

Abb. 2.1: Skizze Baukörper

Der Baukörper könnte aussehen wie in Abb. 2.1.

Hinweis ⊕

Strukturierte Formblätter (Checklisten) helfen dem Planer, systematisch die wichtigsten Informationen zu sammeln und zu dokumentieren.

Das nachfolgende Projektdatenblatt zur Ermittlung des Kostenrahmens ist beispielhaft ausgefüllt (siehe Abb. 2.2). Eine Vorlage zur eigenen Verwendung steht zum Download zur Verfügung.

Stand 01.02.2019

Bauherr: Wohnbaugesellschaft Exclusiv GmbH
Hauptstraße 112
40219 Düsseldorf

Projekt: Neubau einer Villa als Wohnhaus
An der Linde 2
58332 Schwelm

Angaben zum Projekt		Information von:
Gebäudeart	Villa	AG
Standort (Innenstadt, Vorort, ländliches Gebiet)	Schwelm, Vorort	AG
Baufeld, Größe, Zuschnitt	freies Grundstück, 1.355 m^2, ca. 30 m Straßenfront	AG
sonstige Angaben	keine	AG

Abb. 2.2: Beispiel Projektdatenblatt zur Ermittlung des Kostenrahmens

Angaben zum Gebäude		Information von:
BRI	nicht ermittelt	
BGF	ca. 615 m^2	Architekt
NUF	ca. 500 m^2	Architekt
sonstige Angaben, Besonderheiten	hoher Standard	AG
Angaben zur Gebäudeform	dem Grundstück angepasst, treppenförmig	AG
Angaben zum Ausstattungsstandard		Information von:
Ausstattung	hochwertig	AG
besondere Ausstattung	geregelte Lüftungsanlage, Fotovoltaik	AG
sonstige Angaben	keine	

Fortsetzung Abb. 2.2

Kostenangaben		Information von:
Grundstück KG 100	338.750,00 €	AG
vorbereitende Maß-nahmen KG 200	29.750,00 €	AG
Berechnungsgrundlage KG 300	BKI-Baukostentabellen, eigene Kennwerte	Architekt
Berechnungsgrundlage KG 400	BKI-Baukostentabellen	Architekt
Außenanlagen KG 500	Kennwerte	Architekt
Ausstattung KG 600	pauschaler Ansatz – Angaben folgen	AG
Baunebenkosten KG 700	pauschaler Ansatz	Architekt
Budget	steht noch nicht fest	AG
Angaben zum Umfang der Kostenermittlung		Information von:
Umfang	Projektkosten (KG 100–700)	AG
Umsatzsteuer	Die Umsatzsteuer soll gesondert ausgewie-sen werden.	AG

aufgestellt am 01.02.2019 von: (Unterschrift)

Fortsetzung Abb. 2.2

2.1.2 Kostenermittlung in der ersten Gliederungsebene

Auf Grundlage der gesammelten Informationen wird die Kostenermittlung mit dem Einwertverfahren durchgeführt. Als Basis der Kosten eignen sich dabei insbesondere neben selbst erhobenen Daten solche, die im Rahmen der Fachbuchreihe „BKI Baukosten" veröffentlicht wurden.

Die weitere Vorgehensweise orientiert sich an der Struktur des Formblatts Kostenrahmen (siehe Abb. 2.3):

- Auswahl der passenden Gebäudeart aus den BKI-Kennwerten,
- Prüfung der Eignung der Vergleichsobjekte als Datenbasis,
- Festlegung eines geeigneten Datensatzes (BRI, Bruttogeschossfläche oder NUF) als Eingangskennwert,
- Bewertung der Kostenrelevanz sämtlicher Angaben.

Zur Bewertung der Kostenrelevanz wird jede Information in dem Formblatt nach folgendem System (vgl. Tabelle 2.2) gekennzeichnet.

Tabelle 2.2: System zur Bewertung der Kostenrelevanz

Bewertung	**Beschreibung**
+++	hohe Kostensteigerung
++	mittlere Kostensteigerung
+	geringe Kostensteigerung
0	kostenneutral

Fortsetzung Tabelle 2.2

Bewertung	**Beschreibung**
–	geringe Kostensenkung
––	mittlere Kostensenkung
–––	hohe Kostensenkung

Angaben zum Projekt

Aus den BKI-Kennwerten wird die Gebäudeart „Ein- und Zweifamilienhäuser, nicht unterkellert, hoher Standard" mit folgenden Kostenkennwerten (vgl. Tabelle 2.3) ausgewählt. Die BKI-Kennwerte enthalten die gesetzliche MwSt. Die Kennwerte beruhen auf der Auswertung von 48 Vergleichsobjekten.

Tabelle 2.3: Bezugsgrößen und Kostenkennwerte für Ein- und Zweifamilienhäuser, nicht unterkellert, hoher Standard

Bezugsgröße	**Kostenkennwert (inkl. MwSt.)**
BRI	von 405 bis 605 €/m^3, im Mittel 505 €/m^3
BGF	von 1.350 bis 1.940 €/m^2, im Mittel 1.645 €/m^2
NUF	von 1.820 bis 2.850 €/m^2, im Mittel 2.335 €/m^2

Es werden die Angaben zur BGF verwendet. Aufgrund des festgelegten hohen Standards wird zunächst der obere Wert von 1.940 €/m² angenommen.

Angaben zum Standort

Gemäß Tabelle 2.2 werden

- der Standort „Schwelm, Vorort",
- das Baufeld und
- der skizzierte Baukörper

als kostenneutral und daher mit 0 bewertet.

> **Praxistipp**
>
> Eine ausgesprochene Innenstadtlage ist mit einem + für eine Kostenerhöhung zu bewerten. Ein besonders schmales, tiefes Grundstück wird ebenfalls mit einem + bewertet, da hier die Möglichkeiten des kostengünstigen Bauens eingeschränkt werden.

Angaben zum Gebäude

- Die geometrischen Angaben BRI, BGF und NUF werden mit der Datenbasis, hier den BKI-Tabellen, verglichen und bewertet.
- Aus dem architektonischen Entwurf ergibt sich ein erhöhter konstruktiver Aufwand, der daher als sehr kostensteigernd mit +++ bewertet wird.
- Die Gebäudeform sollte neutral mit 0 bewertet werden.

Angaben zur Qualität

- Die hochwertige Ausstattung wurde zwar bereits kostenfördernd bei der Auswahl des Basiskennwertes berücksichtigt, wird aber aufgrund der besonders anspruchsvollen Wünsche des Bauherrn mit einem + bewertet.
- Die besondere Ausstattung „geregelte Lüftungsanlage" wird kostensteigernd mit + gekennzeichnet.
- Die aufwendige Fassade mit Verblendmauerwerk und Pfosten-Riegel-Glasfassade im Erdgeschoss (EG) wird kostensteigernd mit + gekennzeichnet.
- Die Heizenergie soll in Kombination über eine Fotovoltaikanlage und eine Geothermiepumpe sichergestellt werden. Dies wird kostensteigernd mit ++ bewertet.

Sind alle Angaben bezüglich ihrer Kostenrelevanz bewertet, können die Bewertungen gegeneinander aufgewogen werden. Neutrale Bewertungen sind irrelevant. Im Beispiel verbleiben 8 +, also Kostensteigerungen gegenüber dem Basiskennwert.

Der Kostenplaner benötigt Erfahrung bei der Beurteilung, wie stark sich das Ergebnis auf den Kostenkennwert auswirkt.

Somit errechnen sich die KG 300 und 400 mit

- BKI-Basiswert 1.940 €/m^2 BGF (oberer Wert),
- 615 m^2,
- Kostensteigerungsfaktor 1,45 (45 %) zu

1.940 €/m^2 BGF · 1,45 · 615 m^2 BGF = 1.729.995,00 € (brutto).

Für die KG 500 „Außenanlagen“ liegen dem Kostenplaner folgende Angaben vor:

- 3 Garagenstellplätze,
- Grundstücksgröße 1.355 m^2.

Die BKI-Tabellen enthalten auch Angaben zu den Kosten für Außenanlagen. Für dieses Beispiel wird ein Kennwert von 60 €/m^2 verwendet.

Als Bezugsgröße für die Außenanlagen wird die nicht bebaute Grundstücksfläche gewählt. Die Fläche für den Baukörper beträgt etwa 413 m^2. Die nicht bebaute Fläche umfasst 1.355 m^2 – 413 m^2 = 942 m^2.

Die KG 500 errechnet sich aus

- dem Kennwert für Außenanlagen von 60 €/m^2 und
- der nicht bebauten Grundstücksfläche von 942 m^2 zu

60 €/m^2 · 942 m^2 = 56.520 €.

Für die KG 600 Ausstattung und Kunstwerke sollte der Bauherr Angaben machen. Fehlen diese, darf keinesfalls die Summe 0 € angegeben werden. Es ist stattdessen „keine Angaben“ oder „Angaben fehlen“ einzutragen. Der Eintrag „0 €“ muss als solcher verstanden werden.

Ergebnis der Kostenermittlung für den Kostenrahmen

Das Ergebnis der Berechnungen sollte dem Bauherrn ausschließlich mit Hinweis auf die verwendeten Angaben und Annahmen übergeben werden.

Auch bei Berechnung des Kostenrahmens auf Basis nur einer geometrischen Größe (z. B. BGF) sind die restlichen Kostenkennwerte (€/m^3 BRI und €/m^2 NUF) rechnerisch zu ermitteln. Geometrische Kostenkennwerte lassen Rückschlüsse auf die Form des Baukörpers zu.

Abb. 2.3 zeigt ein Formblatt für einen Kostenrahmen mit allen notwendigen Angaben. Eine Blankovorlage des Formblatts steht zur eigenen Verwendung zum Download ⊕ bereit.

Auf der Basis des Kostenrahmens kann die Entscheidung über die weitere Planung erfolgen, z. B.

- Bedarfsplanungen,
- grundsätzliche Wirtschaftlichkeitsbetrachtungen,
- Finanzierungsüberlegungen,
- Festlegung einer Kostenvorgabe.

Kostenrahmen

Projekt:	Neubau einer Villa als Wohnhaus An der Linde 2 58332 Schwelm		**Stand:**	**01.02.19**	
			Grundlage der Kostenermittlung: Projektdatenblatt zur Ermittlung des Kostenrahmens vom		
Bauherr:	Wohnbaugesellschaft Exclusiv GmbH Hauptstraße 112 40219 Düsseldorf		**BRI** **BGF** **NF**	4.050 m^3 615 m^2 500 m^2	

Kostengliederung nach DIN 276 (2018-12) Hochbau

Kostengruppe	DIN 276 (2018-12) Hochbau - Bezeichnung			Teilbetrag	Summe
100	**Grundstück**				**338.750,00**
110–130	Grundstück			338.750	
200	**Herrichten und Erschließen**				**29.750,00**
210–240	Herrichten und Erschließen			25.000	
	Mehrwertsteuer (19 %)			4.750	
300 + 400	**Bauwerk**				**1.730.825,25**
300 + 400	Bauwerk (Baukonstruktion und technische Anlagen)				
	BGF (Berechnungsbasis)	BGF (m^2)	615		
	Kostenkennwert netto	€/m^2 BGF	2.365		
	BGF · Kostenkennwert			1.454.475	
	Mehrwertsteuer (19 %)			276.350	
500	**Außenanlagen**				**67.258,80**
510 - 590	nicht bebaute Fläche	(m^2)	942		
	Kostenkennwert	€/m^2	60,0		
	Fläche · Kostenkennwert			56.520	
	Mehrwertsteuer (19 %)			10.739	
600	**Ausstattung und Kunstwerke**				**k. Angaben**
610	Ausstattung			k. Angaben	
620	Kunstwerke			k. Angaben	
700	**Baunebenkosten**				**320.958,00**
710 - 790	pauschaler Ansatz	(%)	15		
	aus KG 300, 400, 500		1.798.084	269.713	
	MwSt. (19 %)			51.245	
	GESAMTKOSTEN inkl. MwSt.				**2.487.542,05**
	darin enthaltene MwSt.				**343.084,45**

Zusammenstellung der Kennwerte KG 300 + 400 inkl. MwSt.

€/m^3 BRI	427 €
€/m^2 BGF	2.814 €
€/m^2 NF	3.462 €

Eintragungen bitte in den grau hinterlegten Feldern vornehmen

Abb. 2.3: Formblatt Kostenrahmen

2.2 Kostenschätzung

Merkmale der Kostenschätzung

Die Kostenschätzung ist Teil der LPH 2 (Vorplanung) gemäß HOAI. Das Planungskonzept liefert die Eingangsdaten für die Kostenschätzung. Die Kostenschätzung ist genauer als der Kostenrahmen und dient als Grundlage für eine Entscheidung darüber, ob das Planungskonzept weiterverfolgt wird und in die Entwurfsphase übergehen soll.

Für die **Kostenermittlung** der Kostenschätzung gelten die folgenden 3 Punkte.

- Die Mindestgliederungstiefe ist die zweite Ebene der Kostengliederung.
- Eine Ausnahme ist die KG 200 Vorbereitende Maßnahmen. Die Ermittlung für diese KG erfolgt in der Regel in der ersten Ebene der Kostengliederung.
- Eine Kostenermittlung in der dritten Ebene der Kostengliederung ist eine Besondere Leistung und sollte gesondert vereinbart und honoriert werden.

Hinweis

Bei der **Kostenschätzung** wird vom Planer die Ermittlung der Kosten in der zweiten Ebene der Kostengliederung erwartet. Eine Ausnahme bildet die KG 200, da hier die Angaben der zweiten Kostengliederungsebene, insbesondere Angaben zu Ablösesummen von Verpflichtungen, nicht vorliegen können. Die Ermittlung hierfür erfolgt in der ersten Gliederungsebene. Sollten Angaben bereits vorliegen, so ist auch die KG 200 in der zweiten Ebene zu bearbeiten.

2.2.1 Grundlagen der Kostenschätzung

Die Grundlagen für eine Kostenschätzung entsprechend der DIN 276 Abschnitt 4.3.3 sind:

- Ergebnisse der Vorplanung, insbesondere Planungsunterlagen und zeichnerische Darstellungen,
- Berechnungen der Mengen von Bezugseinheiten der KG nach DIN 277-1,
- erläuternde Angaben zu den planerischen Zusammenhängen, Vorgängen und Bedingungen,
- Angaben zum Baugrundstück und zur Erschließung.

Liegen die Grundlagen für eine Kostenschätzung vollständig vor, entscheidet der Bauherr, ob die Kostenschätzung im Rahmen

- der Grundleistungen (Gliederungsebene 2) oder
- einer Besonderen Leistung mit entsprechend höherer Genauigkeit erbracht wird (Gliederungsebene 3).

Bei der Aufstellung einer Kostenschätzung im Rahmen der Grundleistung prüft der Planer die Vollständigkeit der Grundlagen und beschafft fehlende Informationen.

Hinweis +

Die Beschreibung der Grundlagen für die Kostenschätzung in der DIN 276 ist sehr allgemein gehalten. Wie bei der Erstellung des Kostenrahmens helfen strukturierte Formblätter (Checklisten) dem Planer, systematisch und detailliert die Grundlagen zu sammeln und zu dokumentieren.

Der Anhang enthält in Anlage 7.1 „Checkliste Kostenschätzung" ein Formblatt. Eine Vorlage zur eigenen Verwendung steht zum Download zur Verfügung.

2.2.2 Kostenschätzung als Grundleistung

Die Kostenschätzung ist in § 34 der HOAI im Leistungsbild der LPH 2 beschrieben und stellt somit eine Grundleistung des Architekten dar. Sie ist in der zweiten Ebene der Kostengliederung gemäß DIN 276, Tabelle 1, durchzuführen. Tabelle 2.4 gibt einen Überblick über die zu behandelnden KG.

Tabelle 2.4: Kostengliederung in der zweiten Ebene (gekürzt)

KG	Bezeichnung der KG	Anmerkung/Erläuterung
100	Grundstück	
110	Grundstückswert	–
120	Grundstücksnebenkosten	Kosten, die im Zusammenhang mit dem Erwerb eines Grundstücks entstehen, z. B. Notar, Grunderwerbssteuer
130	Rechte Dritter	Kosten für das Aufheben von Rechten Dritter, um möglichst frei über das Grundstück verfügen zu können
200	vorbereitende Maßnahmen	vorbereitende Maßnahmen, um die Baumaßnahme auf dem Grundstück durchführen zu können
210	Herrichten	Kosten der vorbereitenden Maßnahmen, sofern nicht in anderen KG erfasst
220	öffentliche Erschließung	anteilige Kosten wegen gesetzlicher Vorschriften (Erschließungsbeiträge/Anliegerbeiträge) und Kosten auf Basis öffentlich-rechtlicher Verträge

Fortsetzung Tabelle 2.4

KG	Bezeichnung der KG	Anmerkung/Erläuterung
230	nicht öffentliche Erschließung	Kosten für Verkehrsflächen und technische Anlagen. Kosten für Anlagen auf dem eigenen Grundstück sind der KG 500 zuzuordnen.
240	Ausgleichsmaßnahmen	Kosten, resultierend aus rechtlichen Bestimmungen, die einmalig und zusätzlich zu den Erschließungsmaßnahmen entstehen
250	Übergangsmaßnahmen	–
300	Bauwerk – Baukonstruktionen	Kosten von Bauleistungen und Lieferungen zur Herstellung des Bauwerks, jedoch ohne die technischen Anlagen (KG 400)
310	Baugrube	–
320	Gründung	inkl. der dazugehörigen Erdarbeiten und Sauberkeitsschichten
330	Außenwände	Wände und Stützen der Gebäudehülle

Fortsetzung Tabelle 2.4

KG	Bezeichnung der KG	Anmerkung/Erläuterung
340	Innenwände	Innenwände und Innenstützen
350	Decken	Decken, Treppen und Rampen zwischen Gründung und Dachfläche
360	Dächer	flache oder geneigte Dächer
370	Infrastrukturanlagen	Kosten der Einbauten (fest mit dem Baukörper verbunden), jedoch ohne die nutzungsspezifischen Anlagen
390	sonstige Maßnahmen für Baukonstruktionen	Baukonstruktionen und übergreifende Maßnahmen im Zusammenhang mit den Baukonstruktionen, die nicht einzelnen KG der Baukonstruktionen zugeordnet werden können oder die nicht unter KG 490 oder KG 590 erfasst sind
400	Bauwerk – technische Anlagen	Kosten aller im Bauwerk eingebauten, daran angeschlossenen oder damit fest verbundenen technischen Anlagen oder Anlagenteile

Fortsetzung Tabelle 2.4

KG	Bezeichnung der KG	Anmerkung/Erläuterung
410	Abwasser-, Wasser-, Gasanlagen	–
420	Wärmeversorgungs-anlagen	–
430	lufttechnische Anlagen	Anlagen mit und ohne Lüftungsfunktion
440	elektrische Anlagen	einschließlich der Brand-schutzdurchführungen, soweit nicht in anderen KG erfasst
450	kommunikations- und informations-technische Anlagen	inkl. der zugehörigen Ver-teiler, Kabel, Leitungen
460	Förderanlagen	–
470	nutzungsspezifische Anlagen	Kosten der Anlagen (fest mit dem Bauwerk verbun-den), die der besonderen Zweckbestimmung dienen, allerdings ohne die baukonstruktiven Einbauten (KG 370)
480	Gebäudeautomation	Kosten der anlagenüber-greifenden Automation

Fortsetzung Tabelle 2.4

KG	Bezeichnung der KG	Anmerkung/Erläuterung
490	sonstige Maßnahmen für technische Anlagen	technische Anlagen und übergreifende Maßnahmen im Zusammenhang mit technischen Anlagen, die nicht einzelnen KG der technischen Anlagen zugeordnet werden können
500	Außenanlagen	
510	Geländeflächen	–
520	befestigte Flächen	–
530	Baukonstruktionen in Außenanlagen	–
540	technische Anlagen in Außenanlagen	Kosten der technischen Anlagen auf dem Grundstück einschließlich der Ver- und Entsorgung des Bauwerks
550	Einbauten in Außenanlagen	–
560	Wasserflächen	Wasserflächen, naturnah
570	Pflanz- und Saatflächen	–

Fortsetzung Tabelle 2.4

KG	Bezeichnung der KG	Anmerkung/Erläuterung
590	sonstige Außenanlagen	Außenanlagen und übergreifende Maßnahmen im Zusammenhang mit den Außenanlagen
600	Ausstattung und Kunstwerke	Kosten für alle beweglichen oder ohne besondere Maßnahmen zu befestigenden Sachen, die zur Ingebrauchnahme, zur allgemeinen Benutzung oder zur künstlerischen Gestaltung des Bauwerks und der Außenanlagen erforderlich sind
610	Ausstattung	–
620	Kunstwerke	–
700	Baunebenkosten	
710	Bauherrenaufgaben	–
720	Vorbereitung der Objektplanung	–
730	Architekten- und Ingenieurleistungen	Kosten für die Planung und Überwachung der Ausführung
740	Gutachten und Beratung	–

Fortsetzung Tabelle 2.4

KG	Bezeichnung der KG	Anmerkung/Erläuterung
750	künstlerische Leistungen	–
760	Finanzierungskosten	alle im Zusammenhang mit der Finanzierung des Projektes anfallenden Kosten bis zum Zeitpunkt der Fertigstellung und der Übergabe zur Nutzung
770	allgemeine Baunebenkosten	–
790	sonstige Baunebenkosten	–

Vergleich der zweiten mit der dritten Gliederungsebene

In der Kostengliederung der zweiten Ebene bildet die KG 330 beispielsweise die Außenwände eines Bauwerks ab. Dabei wird nicht zwischen tragenden und nicht tragenden Außenwänden oder Außenstützen unterschieden.

Im Gegensatz dazu werden in der dritten Gliederungsebene der DIN 276 tragende Außenwände der KG 331, nicht tragende Außenwände der KG 332 zugeordnet.

Kostenschätzung nach der Elementemethode

Die Kostenschätzung wird anhand von Makroelementen (ME) durchgeführt.

Ein Makroelement

- bildet ein Kostenelement der zweiten Ebene der Kostengliederung ab und
- besteht aus mehreren GE.

Ein Grobelement (GE)

- ist ein Kostenelement der dritten Ebene der Kostengliederung und
- setzt sich aus mehreren FE zusammen.

Ein Feinelement (FE)

- beschreibt einen bestimmten Teil eines Bauteils, z. B. ein Außenmauerwerk (Außen-MW) aus 24 cm Kalksandstein (KS), und
- besteht aus mehreren Leistungspositionen, z. B. der Position für das MW, dem Anlegen von Leibungen oder der Querschnittsabdichtung am Fußpunkt.

Hinweis

In der Fachliteratur (z. B. Seiffert/Preussner, 2009; Drees/Paul, 2006) werden für die Kostenschätzung bereits GE verwendet. Bei diesen GE handelt es sich jedoch streng genommen um ME, weil sie Kostenelemente in der zweiten Ebene der Kostengliederung beschreiben.

Hinweis

Ein untergeordnetes Element geht entsprechend seinem prozentualen Anteil an der Gesamtheit des übergeordneten Elementes in dieses ein.

Beispiel

Das ME Außenwand besteht aus

- 75 % tragender Außenwand,
- 17 % Außenfenstern,
- 7 % nicht tragender Außenwand,
- 1 % Außenstützen.

Abb. 2.4 zeigt den Zusammenhang von ME, GE und FE sowie der Leistungspositionen.

Im Anhang 7.4 „Kostenkennwerte" ⊕ sind einige ME für die verschiedenen KG beispielhaft aufgeführt. Diese ME können als Grundlage für die Erstellung eigener Elemente verwendet werden. Hierzu werden die in den ME enthaltenen GE entsprechend ausgetauscht, verändert oder ergänzt.

Je nach Projekt sind die Anteile der GE am ME zu verändern.

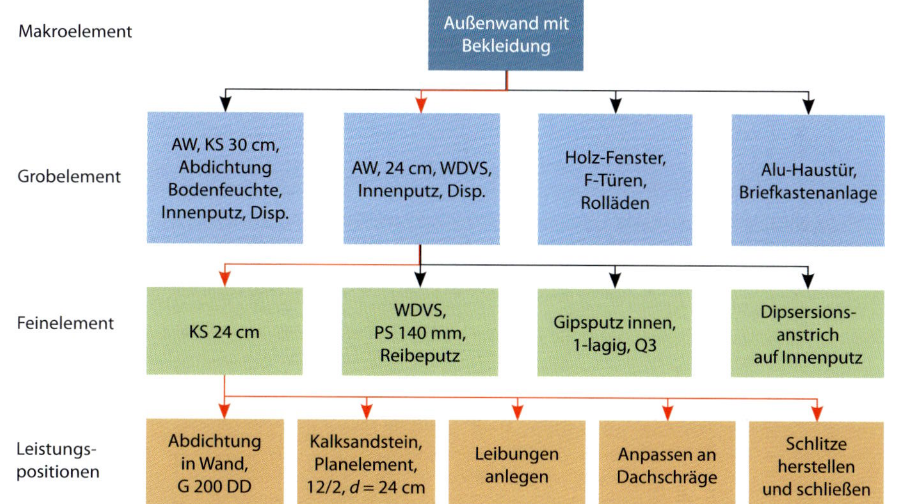

Abb. 2.4: Zusammenhang von ME, GE und FE

Beispiel

Das zu kalkulierende Projekt, eine Villa als Wohnhaus, besitzt Geschossdecken aus Stahlbeton. Es wird ein Heizestrich mit Trittschalldämmung (TSD) verwendet. Die Innenwände werden in einer Kombination aus Kalksandsteinen und Trockenbau erstellt. Die Badezimmer der Villa sind gefliest. Die restlichen Räume erhalten einen hochwertigen Parkettbelag. Die Deckenuntersicht wird verputzt und gestrichen. Die Geschosstreppen sind aus Stahlbeton mit einem hochpreisigen Holzbelag.

Als Grundlage wird das folgende ME (vgl. Tabelle 2.5) verwendet.

Tabelle 2.5: Unmodifiziertes ME (StB., Estrich, TSD, Betonwerkstein, Fliesen, StB.-Treppe)

Element	**Preis in €**	**Anteil am GE in %**	**Gesamtpreis (Preis · Anteil am GE) in €/m²**
Parkett, Sockelleiste 50 mm	100,00	75	75,00
Bodenfliesen, 120/60 cm, Feinsteinzeug	155,00	10	15,50
Heizestrich, EG 250 mm, OG 270 mm	28,00	85	23,80

Fortsetzung Tabelle 2.5

Element	**Preis** **in €**	**Anteil am GE** **in %**	**Gesamtpreis (Preis · Anteil am GE) in €/m²**
Decke, StB. C 20/25, $d = 18$ cm	84,00	95	79,80
DE-Gipsputz, Q3, geglättet	19,50	85	16,58
Disp.	5,45	85	4,89
StB.-Treppe, Holzbelag, Putz, Disp., Stahlgeländer	6.800,00	1	68,00
Summe ME (€/m²)			**283,56**
StB. Stahlbeton StB.-Treppe Stahlbetontreppe			

Das ME wird modifiziert (vgl. Tabelle 2.6), indem der Anteil des Parkettbelags zugunsten des Fliesenbelags verringert und der Preis des Parkettbelags erhöht wird. Aufgrund der Trockenbauwände erhöht sich der Estrichanteil (die Trockenbauwände werden auf dem Estrich montiert). Der Preis für die Treppe wird erhöht.

Tabelle 2.6: Modifiziertes ME (StB., Estrich, TSD, Textil, Fliesen, StB.-Treppe)

Element	Preis in €	Anteil am GE in %	Gesamtpreis (Preis · Anteil am GE) in €/m²
Parkett, Sockelleiste 50 mm	125,00	60	75,00
Bodenfliesen, 10/20 cm, Feinsteinzeug	155,00	25	38,75
Heizestrich, EG 250 mm, OG 270 mm	28,00	92	25,76
Decke, StB. C 20/25, *d* = 18 cm	84,00	95	79,80
DE-Gipsputz, Q3, geglättet	19,50	85	16,58
Disp.	5,75	85	4,89
StB.-Treppe, Holzbelag, Putz, Disp., Stahlgeländer	6.800,00	1	68,00
ME €/m²			**308,77**

2.2.3 Kostenschätzung in der dritten Gliederungsebene

Mengenermittlung

Die Mengenermittlung

- basiert auf den zeichnerischen Planunterlagen,
- ist zu dokumentieren und
- muss für Dritte nachvollziehbar, also überprüfbar sein.

Liegen die Grundlagen der Kostenermittlung mithilfe des Formblatts für die Kostenschätzung vor, steht an erster Stelle die Mengenermittlung. Grundlagen der Mengenermittlung sind die vorliegenden zeichnerischen Planunterlagen.

Ermittelt werden die Mengen folgender KG:

- KG 310 Baugrube,
- KG 320 Gründung,
- KG 330 Außenwände (Fenster) und KG 340 Innenwände (diese KG werden zusammen ermittelt),
- KG 350 Decken,
- KG 370 baukonstruktive Einbauten und KG 390 Sonstiges (diese werden ebenfalls zusammen ermittelt).

In der Praxis hat sich folgende Vorgehensweise bewährt:

- Die Ermittlung erfolgt ebenweise (KG, EG, erstes OG usw.).
- Für jedes Geschoss werden die Mengen separat bestimmt.
- Die Mengen identischer Geschosse können kopiert werden.
- Je KG und Ebene ist eine Plankopie zu verwenden.
- Das Format sollte DIN A3 nicht übersteigen und ist ggf. zu verkleinern.

- Die Mengen in den Plankopien sind farbig zu kennzeichnen und zu nummerieren.
- Die verwendeten Maße sind einzutragen/zu markieren.
- Ergänzende Skizzen auf der Dokumentation erhöhen die Nachvollziehbarkeit der Mengenermittlung.
- Die farbige Anlage der Mengenermittlung minimiert die Gefahr, Bauteile zu vergessen.
- Bauteile, die nicht farbig gekennzeichnet sind, sind noch nicht berücksichtigt.
- Anschließend erfolgt die rechnerische Mengenermittlung in einem Tabellenkalkulationsprogramm.
- Durch die Nummerierung ist jedes Bauteil in der Dokumentation leicht wiederzufinden. Die Mengenermittlung ist somit prüfbar.

Im nachfolgenden Beispiel ist die Mengenermittlung für die KG 310, 320, 330, 340, 350, 360 und 370 dargestellt (siehe Abb. 2.5 bis 2.9 und Tabellen 2.7 bis 2.13).

KG 310 Baugrube, KG 320 Gründung

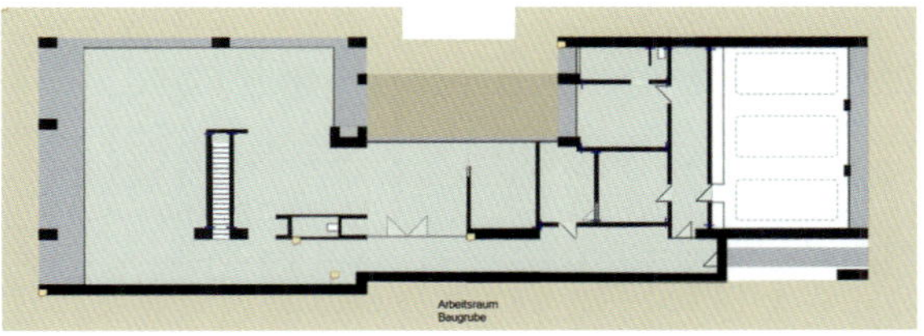

Abb. 2.5: Grafische Dokumentation der Mengenermittlung der KG 310 Baugrube/KG 320 Gründung

Tabelle 2.7: Mengenermittlung der KG 310 Baugrube

Beschreibung	Abmessungen			Ergebnis
Baugrube, Baukörper	Länge (m)	Breite (m)	Tiefe (m)	Länge · Breite · Tiefe (m³)
	36,70	12,60	0,80	369,94
abzgl. Baukosten	–7,65	4,70	0,80	–28,76
Arbeitsraum	Umfang	mittlere Breite (m)	Tiefe (m)	Umfang · mittlere Breite · Tiefe (m³)
	108,20	0,83	0,80	71,84
Arbeitsraum Außenecken	Arbeits-raum-ecken	(mitt-lere Breite)²	Tiefe	Arbeitsraum-ecken · (mitt-lere Breite)² · Tiefe (m³)
Außenecken	6,00	0,83	0,83	4,13
Innenecken	–2,00	0,83	0,80	–1,33
Summe KG 310 (m³)				**415,82**

Tabelle 2.8: Mengenermittlung der KG 320 Gründung

Beschreibung	Abmessungen		Ergebnis
Arbeitsraum	Länge (m)	Breite (m)	Länge · Breite (m²)
Baukörper	36,70	12,60	462,42
abzgl. Baukosten	–7,65	4,70	–35,96
Summe KG 320 (m²)			**426,47**

KG 330 Außenwände, KG 340 Innenwände - EG

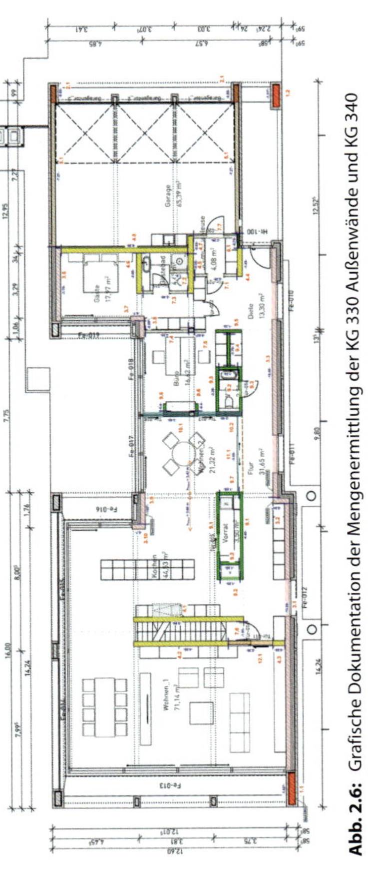

Abb. 2.6: Grafische Dokumentation der Mengenermittlung der KG 330 Außenwände und KG 340 Innenwände

Tabelle 2.9: Mengenermittlung der KG 330 Außenwände und KG 340 Innenwände[1)]

Beschreibung	Abmessungen			Ergebnis
Außenwände	**Länge (m)**	**Höhe (m)**	**Anzahl**	**Länge · Höhe · Anzahl (m²)**
1.1	1,62	3,78	1	6,12
1.2	1,12	3,78	1	4,23
2.1	0,85	3,78	2	6,43
3.1	13,55	3,60	1	48,78
3.2	0,85	3,60	1	3,06
3.3	12,65	3,42	1	43,26
3.6	3,45	3,42	1	11,80
3.7	0,70	3,42	1	2,39
3.8	0,87	3,42	1	2,98
3.9	1,63	3,60	1	2,87
3.10	0,70	3,60	1	2,52
5.1	7,27	3,42	2	49,73
8.1	0,75	3,42	1	2,57
9.1	4,40	3,60	2	31,68
9.2	1,05	3,60	3	11,34
9.3	2,25	3,42	2	15,39
9.4	1,75	3,42	1	5,99
9.5	1,35	3,42	1	4,62
9.6	0,40	3,42	2	2,74

Fortsetzung Tabelle 2.9

Beschreibung	**Abmessungen**			**Ergebnis**
Außenwände	**Länge (m)**	**Höhe (m)**	**Anzahl**	**Länge · Höhe · Anzahl (m²)**
9.7	1,05	3,42	1	3,59
10.1	3,40	3,42	1	11,63
10.2	2,45	3,42	1	8,38
Summe EG				**285,95**
Innenwände	**Länge (m)**	**Höhe (m)**	**Anzahl**	**Länge · Höhe · Anzahl (m²)**
4.1	5,66	3,6	1	20,38
4.2	4,85	3,6	1	17,46
4.3	0,65	3,42	1	2,22
4.4	1,45	3,42	1	4,96
4.5	2,05	3,42	1	7,01
4.6	2,05	3,42	1	7,01
4.7	0,85	3,42	1	2,91
4.8	6,58	3,42	1	22,50
7.1	2,26	3,42	1	7,73
7.2	1,00	3,42	1	3,42
7.3	2,40	3,42	1	8,21
7.4	2,30	3,42	1	7,87

Fortsetzung Tabelle 2.9

Beschreibung	Abmessungen			Ergebnis
Innenwände	**Länge (m)**	**Höhe (m)**	**Anzahl**	**Länge · Höhe · Anzahl (m^2)**
7.5	0,63	3,42	1	2,14
7.6	1,01	3,6	1	3,64
7.7	2,26	3,42	1	7,73
8.1	0,75	3,42	1	2,57
9.1	4,40	3,60	2	31,68
9.2	1,05	3,60	3	11,34
9.3	2,25	3,42	2	15,39
9.4	1,75	3,42	1	5,99
9.5	1,35	3,42	1	4,62
9.6	0,40	3,42	2	2,74
9.7	1,05	3,42	1	3,59
10.1	3,40	3,42	1	11,63
10.2	2,45	3,42	1	8,38
11.1	3,85	3,42	1	3,85
Summe EG				**226,97**
1) Die Nummerierung verweist auf die Beschriftung in Abb. 2.6				

Die Fenster werden gesondert ermittelt, damit der Anteil der Fensterflächen für das ME Außenwände errechnet werden kann.

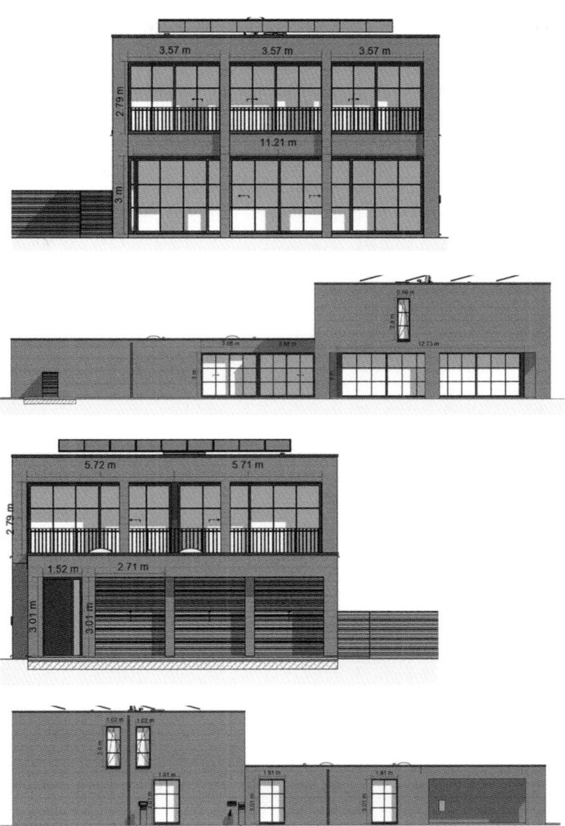

Abb. 2.7 a bis d: Grafische Dokumentation der Mengenermittlung der KG 330 Fenster

Tabelle 2.10: Mengenermittlung der KG 330 Fenster

Beschreibung	Abmessungen			Ergebnis
	Breite (m)	Höhe (m)	Anzahl	Breite · Höhe · Anzahl (m^2)
Nord	11,20	3,00	1	33,60
Nord	3,57	2,80	3	29,99
Süd	1,52	3,00	1	4,56
Süd	2,71	3,00	3	24,39
Süd	5,72	2,80	2	32,03
Ost	3,88	3,00	2	23,28
Ost	12,73	3,00	1	38,19
Ost	0,86	2,80	1	2,41
West	1,81	3,00	3	16,29
West	1,02	2,80	2	5,71
gesamt (m^2)				**210,45**

KG 350 Decken

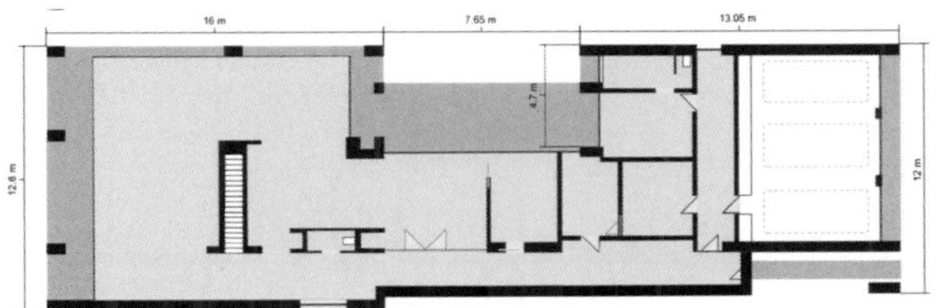

Abb. 2.8: Grafische Dokumentation der Mengenermittlung der KG 350 Decken

Bei der Deckenermittlung ist immer die Rohbauaußenkante als Begrenzung zu wählen. Die oberste Geschossdecke ist im Sinne der DIN 276 der Dachkonstruktion, also der KG 360, zuzuordnen.

Tabelle 2.11: Dokumentation der Mengenermittlung der KG 350 Decken

Beschreibung	Abmessungen		Ergebnis
EG	36,70	12,60	462,42
EG	-7,65	4,70	-35,96
EG	20,70	-0,60	-12,42
OG	16,00	12,60	201,60
Summe KG 350 (m²)			**615,65**

KG 360 Dächer

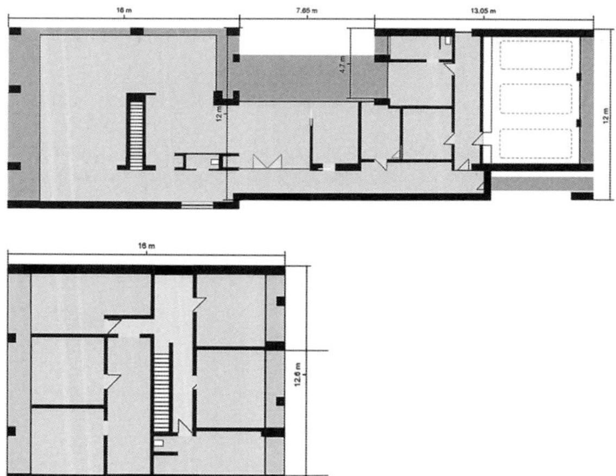

Abb. 2.9 a und b: Grafische Dokumentation der Mengenermittlung der KG 360 Dächer

Bei der Ermittlung der Dachflächen sind die Gebäudeaußenkanten als Begrenzungen zu wählen.

Tabelle 2.12: Mengenermittlung der KG 360 Dächer

Beschreibung	Abmessungen		Ergebnis
Dächer	Länge (m)	Breite (m)	Länge · Breite (m^2)
EG	20,70	12,00	248,40
EG	–7,65	4,70	–35,96
OG	16,00	12,60	201,60
Summe KG 360 (m^2)			**414,05**

KG 370 baukonstruktive Einbauten

Die Sauna ist der KG 370 baukonstruktive Einbauten zuzuordnen.

Tabelle 2.13: Mengenermittlung der KG 370 baukonstruktive Einbauten (Sauna)

Summe KG 370 (Stück)	**1**

Eine möglichst genaue Mengenermittlung steigert die Genauigkeit der Kostenberechnung.

Makroelemente (ME)

ME können mithilfe der Checkliste Kostenschätzung zweite Gliederungsebene (siehe Anhang 7.1 ⊕) projektbezogen entwickelt werden. Alternativ können vorgefertigte ME (z. B. von Baudatenanbietern wie SirAdos) verwendet und angepasst werden. In der Regel ist es einfacher, ME selber zu entwickeln, als vorgefertigte Elemente anzupassen. Für ungeübte Kostenplaner ist es jedoch hilfreich, vorgefertigte ME genau zu analysieren und zu bearbeiten.

ME werden in 3 Schritten entwickelt, die beispielhaft an der KG 330 Außenwände dargestellt werden.

Schritt 1

- Es wird festgelegt, aus wie vielen GE ein ME besteht.
- Die prozentuale Verteilung der einzelnen GE in einem ME wird ermittelt (die Information ergibt sich aus der Mengenermittlung).

Beispiel

Außenwände (vlg. Tabelle 2.14 bis 2.16):

- GE EG-Außenwand, KS, d = 24 cm, Vormauerstein + WD, I-Putz, Disp.: 76 %
- GE Holz-/Alu-Fenster, Einbauraffstore: 23 %
- GE Alu-Haustüranlage, Briefkasten: 1 %

Schritt 2

- Die GE werden aus den FE kalkuliert.
- Alternativ können bestehende GE, die hinreichend genau zum Projekt passen, verwendet werden.
- Für die Kalkulation von GE sind FE der bekannten Baupreistabellen wie SirAdos, BKI oder anderer zu verwenden (BKI-Tabellen beinhalten bereits die MwSt.).
- Die FE fließen entsprechend ihrem Anteil am GE prozentual in dieses ein. Die jeweiligen Prozentsätze können abgeschätzt werden. Alternativ kann der Planer sich an vorhandenen Datenbanken orientieren.

Beispiel

Tabelle 2.14: Berechnung des GE Außenwand, KS, $d = 24$ cm, Vormauerstein mit WD, I-Putz, Disp.

FE	Kosten in €/m²	Anteil am GE in %	Kostenanteil (Kosten · Anteil am GE) in €/m²
KS, 24 cm	88,40	95	83,98
Wärmedämmung (200 mm) mit Vormauerstein	205,20	100	205,20
Gipsputz innen, Oberflächenqualität Q3	16,20	90	14,58
Disp.	6,45	90	5,81
Kosten GE in €/m²			**309,57**

Tabelle 2.15: Berechnung des GE Holz-/Alu-Fenster, Einbauraffstore

FE	Kosten in €/m²	Anteil am GE in %	Kostenanteil (Kosten · Anteil) in €/m²
Fenster, zweiflüglig, 2,0–3,0 m², Wärmedurchgangskoeffizient = 0,6	575,60	75	431,70
Fenster, einflüglig, 0,5–2,0 m², Wärmedurchgangskoeffizient = 0,6	545,20	25	136,30
Einbauraffstore	344,90	100	344,90
Kosten GE (€/m²)			**912,90**

Tabelle 2.16: Berechnung des GE Alu-Haustüranlage, Briefkasten

FE	Kosten in €/m²	Anteil am GE in %	Kostenanteil (Kosten · Anteil am GE) in €/Stück
Hauseingangstür mit Seitenteil	3.975,00	98	3.895,50
Einbaubriefkasten in Wand inkl. Klingelanlage	470,00	2	9,40
Kosten GE in €/m²			**3.904,90**

Schritt 3

Das ME wird anhand der entwickelten GE berechnet (vgl. Tabelle 2.17).

Beispiel

Tabelle 2.17: Berechnung des ME Außenwand

GE	Kosten in €/m²	Anteil am GE in %	Kostenanteil (Kosten · Anteil am GE) in €/m²
Außenwand, KS, *d* = 24 cm, Vormauerziegel, *d* = 11,5 cm und 200 mm, Kerndämmung, I-Putz, Disp.	309,57	71	219,79
Holz-/Alu-Fenster mit Einbauraffstore	912,90	29	264,74
Haustüranlage mit Seitenteil, Einbaubriefkasten in Wand	3.904,90	1	39,05
Kosten ME in €/m²			**523,58**

Für die KG 330 geht jeder m² Außenwand aus der Mengenermittlung mit 523,58 €/m² netto in die Kostenschätzung ein.

Für die ME der übrigen Bauteile wird analog verfahren, sodass anschließend das komplette Gebäude für die KG 300 berechnet werden kann.

Beispiel

Für die Fortführung des Beispielprojektes ergeben sich folgende ME, die aussagekräftige, in der Baupraxis übliche Kürzel (wie z. B. PS = Polystyrol, KS = Kalksandstein, WDVS = Wärmedämm-Verbundsystem, Gef.-Wärmedämmung = Gefällewärmedämmung) erhalten.

- KG 310 Baugrube:
  Oberboden abschieben, seitlich lagern, Aushub Bauklasse 3 bis 5 entsorgen, Hinterfüllung mit Liefermaterial:
  „BG-Aushub, Bkl. 3–5, Oberbodenabtrag seitl. lag., hinterfüllen"
  98,60 €/m^3
- KG 320 Gründung:
  Bodenplatte aus Stahlbeton C25/30, 20 cm, Dämmung XPS 10 cm, Sauberkeitsschicht 10 cm, Streifenfundamente, Abdichtung gegen drückendes Wasser, schwimmender Estrich auf Wärmedämmung und TSD, Stabparkett Eiche:
  „Bod.-Pl. C25/30, 20 cm, WD, Str.-Fdm., Abd. Dr. Wasser, WD + TSD, CT-Heizestrich, Parkett"
  322,97 €/m^2

- KG 330 Außenwände:
  Außenwände aus KS, 24 cm, Verblendmauerwerk LDF 11,5 cm, MW 200 mm, I-Putz mit Anstrich, Holz-/Alu-Fenster, Eingangstür aus Alu:
  „AW, KS 24 cm, WD 200 mm, Verbl. LDF 11,5, HA-Fenster, Alu-Eing.-Tür"
  523,58 €/m^2

- KG 340 Innenwände:
  Innenwände aus doppelt beplanktem Metallständerwerk, Anstrich, Wohnungstüren:
  „IW, GK doppelt bepl., Q3, Disp., Whg.-Türen"
  255,50 €/m^2 zu etwa 30 %

- Innenwand aus KS-MW, d = 11,5 + 24 cm mit I-Putz, Anstrich:
  „IW KS 24, GP Q3, Disp."
  165,50 €/m^2 zu etwa 70 %

- KG 350 Decken:
  Stahlbetondecken, C25/30, 18 cm, Gipsputz, TSD 35 mm, WD 150 mm, Heizestrich 65 mm, Parkett:
  „DE StB. C25/30, 18 cm, GP, TSD, WD, CT (KH 270 mm), Parkett"
  388,65 €/m^2

- KG 360 Dächer:
  Flachdach, Stahlbeton, C25/30, 16 cm, Attika, Bitumenabdichtung, Gef.-Wärmedämmung PS 300 mm, Gipsputz, Anstrich:
  „DA StB. C25/30, 16 cm, Bitumen.-Abd., WD PS 300 mm, Gipsputz, Disp."
  468,80 €/m^2

- KG 370 baukonstruktive Einbauten:
  Sauna mit kompletter Ausstattung (beinhaltet Kostenanteile der KG 410):
  12.500 €/Stück

- KG 390 sonstige Maßnahmen:
  Baustelleneinrichtung, Bürocontainer, Sanitäreinrichtung, Bauzaun, Bautür, Baustellenbeleuchtung, Verkehrssicherung, Turmdrehkran, Gerüste, Baustraße:
  „Baustelleneinrichtung Villa“
  65,00 €/m^2 BGF

Liegen für die KG 400 keine Angaben der Fachplaner vor, können entsprechende ME bzw. GE entwickelt werden. Die Bezugsgröße ist dabei in der Regel die BGF in €/m^2.

Praxistipp

Bei Gebäuden mit unterschiedlichen Konstruktionsarten sollte für jede übergeordnete Konstruktion ein ME entwickelt werden. Die Mengen der verschiedenen Hauptkonstruktionen sind gesondert zu ermitteln oder auf die ermittelte Gesamtmenge prozentual aufzuteilen.

Die vollständige Excel-Berechnung (siehe Abb. 2.10) „Beispielprojekt – Kostenschätzung in der zweiten Ebene“ steht zum Download ⊕ bereit.

Kostenschätzung

Beispielprojekt Villa (Baupreis)

nach Elementen (ELE)
– Kostengliederung: DIN 276 (2018-12) Hochbau
– gesamt, netto: 2.036.327,75 €
– zzgl. MwSt.: 386.902,27 €
– gesamt, brutto 2.423.230,02 €

– Kennzeichnung für Leistung(en) mit Mengensplitting: T
– Teilmengen von Leistungen können auf verschiedene Kostenstellen verteilt sein (Mengensplitting)
– Teilmengen werden mit max. 3 Nachkommastellen dargestellt und ggf. gerundet.
– alle Einzelbeträge netto in €

KG/OZ	DIN 276 (2018-12) Hochbau/Quelleinträge	Menge/ Einheit	Teilbetrag/Einheitspreis in €	gesamt in €
100	**Grundstück** gesamt, brutto:			**338.750,00** 338.750,00
110	**Grundstückswert**			**338.750,00**
100.110.01	Grundstückswert	1.355 m²	250,00	338.750,00
200	**Herrichten und Erschließen** gesamt (inkl. MwSt. 19 %), brutto			**20.975,00** 24.960,25
210	**Herrichten**			**3.146,25**
220	**öffentliche Erschließung**			**17.828,75**
200.220.01	Herrichten und Erschließen	1 Psch. …	20.975,00	20.975,00
300	**Bauwerk – Baukonstruktionen** gesamt (inkl. MwSt. 19 %), brutto			**983.450,75** 1.170.306,39
310	**Baugrube**			**31.059,00**
300.310.01	BG Aushub, Bkl. 3–5, Oberbodenabtrag seitl. lag., hinterfüllen	315 m³	98,60	31.059,00
320	**Gründung**			**145.336,50**
300.320.01	Bod.-Pl. C25/30, 20 cm, WD, Str.-Fdm., Abd. dr. Wasser, WD + TSD, CT-Heizestrich, Parkett	450 m²	322,97	145.336,50

Abb. 2.10: Beispielprojekt: Kostenschätzung in der zweiten Ebene (OZ: Ordnungszahl; Psch.: Pauschale)

KG/OZ	DIN 276 (2018-12) Hochbau/Quelleinträge	Menge/ Einheit	Teilbetrag/Einheitspreis in €	gesamt in €
330	**Außenwände**			**235.611,00**
300.330.01	AW, KS 24 cm, WD 200 mm, Verbl. LDF 11,5, HA-Fenster, Alu-Eing.-Tü, Alu-Tor	450 m²	523,58	235.611,00
340	**Innenwände**			**76.172,50**
300.340.01	IW, GK doppelt bepl., Q3, Disp., Whg.-Türen	120 m²	255,50	30.660,00
300.340.02	IW, KS 24 cm, GP., Q3, Disp.	275 m²	165,50	45.512,50
350	**Decken**			**239.019,75**
300.350.01	DE StB. C25/30, 18 cm, Gipsputz, TSD, WD, CT (KH 270 mm), Parkett	615 m²	388,65	239.019,75
360	**Dächer**			**194.552,00**
300.360.01	DA StB. C25/30, 16 cm, Bitumen.-Abd., WD PS 300 mm, Gründach, Gipsputz, Disp.	415 m²	468,80	194.552,00
370	**baukonstruktive Einbauten**			**12.500,00**
300.370.01	Sauna	1 St.	12.500,00	12.500,00
390	**sonstige Maßnahmen für Baukonstruktionen**			**49.200,00**
300.390.01	BE Baustelleneinrichtung	615 m²	80,00	49.200,00
400	**Bauwerk – technische Anlagen** gesamt (inkl. MwSt. 19 %), brutto			**476.426,50** 566.947,54
410	**Abwasser-, Wasser-, Gasanlagen**			**41.266,50**
400.410.01	Abwasserleitungen	615 m²	35,40	21.771,00
400.410.02	Gas- und Wasserleitungen	615 m²	31,70	19.495,50
420	**Wärmeversorgungsanlagen**			**157.180,00**
400.420.01	Wärmepumpe	1 St.	45.000,00	45.000,00
400.420.02	Erdsondenbohrung	1 St.	31.000,00	31.000,00

Fortsetzung Abb. 2.10

KG/OZ	DIN 276 (2018-12) Hochbau/Quelleinträge	Menge/ Einheit	Teilbetrag/Einheitspreis in €	gesamt in €
400.420.03	Wärmeverteilung, Raumheizung	615 m^2	132,00	81.180,00
430	**lufttechnische Anlagen**			**27.675,00**
400.430.01	Wohnraumlüftung	615 m^2	45,00	27.675,00
440	**Starkstromanlagen**			**230.625,00**
400.440.01	Elektroinstallation	615 m^2	290,00	178.350,00
400.440.02	Fotovoltaik	615 m^2	75,00	46.125,00
400.440.03	Beleuchtung	615 m^2	85,00	52.275,00
450	**fernmelde- und informationstechnische Anlagen**			**19.680,00**
400.450.01	Telekommunikationsanlagen	615 m^2	32,00	19.680,00
500	**Außenanlagen** gesamt (inkl. MwSt. 19 %), brutto			**53.137,12** 63.233,17
510	**Geländeflächen**			**3.094,00**
500.510.01	Gelände vorbereiten	728 m^2	4,25	3.094,00
520	**befestigte Flächen**			**18.080,00**
500.520.01	Zufahrtswege auf dem Grundstück, versickerungsfähig	104 m^2	85,00	8.840,00
500.520.02	Terrassen	50 m^2	75,00	3.750,00
500.520.03	Hauszuwegung, Gehweg	61 m^2	90,00	5.490,00
540	**technische Anlagen in Außenanlagen**			**18.150,00**
500.540.01	Beleuchtung	1 Psch.	10.000,00	10.000,00
500.540.02	Hausentwässerung	70 m	55,00	3.850,00
500.540.03	Entwässerung Außenanlagen (Zuwegung Haus)	215 m^2	20,00	4.300,00
550	**Einbauten in Außenanlagen**			**2.500,00**
500.550.01	Mülltonnenverwahrung	1 St.	2.500,00	2.500,00

Fortsetzung Abb. 2.10

KG/OZ	DIN 276 (2018-12) Hochbau/Quelleinträge	Menge/ Einheit	Teilbetrag/Ein- heitspreis in €	gesamt in €
570	**Pflanz- und Saatflächen**			**11.313,12**
500.570.01	Bepflanzung, hochwertig	728 m²	15,54	11.313,12
700	**Baunebenkosten** gesamt (inkl. MwSt. 19 %), brutto			**163.588,38** 194.670,17
710	**Bauherrenaufgaben**			**8.500,00**
700.710.01	Projektsteuerung, Projektleitung	1 Psch.	8.500,00	8.500,00
730	**Architekten- und Ingenieurleistungen**			**126.738,38**
700.730.01	Architektenleistungen LPH 1–8, HOAI	1 St.	78.301,92	78.301,92
700.730.02	Freianlagenplanung	1 St.	7.500,00	7.500,00
700.730.03	Tragwerksplanung	1 St.	24.884,08	24.884,08
700.730.04	technische Ausrüstung	1 St.	16.052,38	16.052,38
740	**Gutachten und Beratung**			**12.100,00**
700.740.02	Sicherheits- und Gesundheitsschutz-koordination	1 St.	4.500,00	4.500,00
700.740.03	Brandschutz	1 St.	2.250,00	2.250,00
700.740.04	Baugrunduntersuchungen	1 St.	1.850,00	1.850,00
700.740.05	Bauphysik (Wärme- und Schallschutz)	1 St.	3.500,00	3.500,00
770	**allgemeine Baunebenkosten**			**16.250,00**
700.770.01	Genehmigungen und Abnahmen	1 Psch.	12.000,00	12.000,00
700.770.02	Prüfstatik	1 St.	4.250,00	4.250,00

Gesamtsumme: Beispielprojekt Villa

gesamt, netto:	**2.036.327,75 €**
zzgl. MwSt.:	386.902,27 €
gesamt, brutto:	**2.423.230,02 €**

Fortsetzung Abb. 2.10

Die Kostenschätzung wird vollständig an den AG übergeben. Dazu gehören:

- ausgefüllte Checklisten,
- die Mengenermittlung mit Dokumentation der ermittelten Mengen,
- die Aufstellung der Kosten (Formblatt Kostenschätzung).

2.2.4 Baupreisermittlung als Besondere Leistung

Die Informationen, die dem Planer in Form von Checklisten, Plänen usw. vorliegen, ermöglichen ihm eine deutlich detailliertere und genauere Kostenberechnung, als die DIN 276 fordert.

- Der Planer kann seine Baupreisermittlung bereits zum Zeitpunkt der Entwurfsplanung als Besondere Leistung erbringen (und so mögliche zusätzliche Honorare generieren).
- Die Baupreisermittlung erfolgt dabei annähernd auf der Gliederungsebene der Leistungspositionen.
- Ziel ist eine möglichst genaue Berechnung der Baukosten in dieser frühen Projektphase.
- Die Beeinflussbarkeit der Baukosten ist zu Beginn des Projektes sehr hoch.
- Planer und Bauherren besitzen damit ein effizientes Instrument zur Baukostenoptimierung.

Auf den ersten Blick scheint der Wunsch nach einer Gliederungstiefe auf Positionsebene dem Planungsstand der Entwurfsplanung zu widersprechen. Die notwendigen Informationen liegen theoretisch erst mit der Ausführungs- und Detailplanung vor.

Grundlagen der Kostenberechnung als Besondere Leistung

Die dem Kostenplaner vorliegenden Planunterlagen reichen in der Regel für eine Berechnung der Kosten auf Positionsebene nicht aus.

Bei der Erstellung seiner Pläne hat der Planer die Durchführbarkeit bzw. Umsetzung seiner Planung grundsätzlich beachtet. Konstruktionsarten sind lediglich noch nicht ausformuliert. Durch strukturierte Checklisten werden die notwendigen Informationen abgefragt. Im Vordergrund steht die Festlegung von Ausführungsqualitäten und nicht Detaillösungen. Die Betrachtung der Auswirkung auf die Kosten ist wichtiger als technische Aspekte. Änderungen der Planung bewegen sich auf dem festgelegten Preisniveau. Die Kostenkonsequenz bleibt überschaubar. Für offene Planungsfragen werden pauschale Kostenansätze vorgesehen.

Wie in den vorangegangenen Planungsphasen werden zur systematischen Erfassung und nachvollziehbaren Dokumentation strukturierte Checklisten verwendet. Die Checklisten für die **Kostenermittlung** (siehe Anhang 7.2 „Checkliste Kostenermittlung Rohbau“ und 7.3 „Checkliste Kostenermittlung Ausbau“) stehen zum Download ⊕ bereit.

Die konsequente Verwendung von Checklisten besitzt eine zentrale Bedeutung für die Qualität der Kostenermittlung:

- Sie dokumentiert als Grundlage die Baukosten durchgängig.
- Durch die systematische Erfassung werden alle kostenrelevanten Bauteile berücksichtigt.
- Änderungen sind jederzeit nachvollziehbar.

Zur besseren Handhabung wurden separate Checklisten für den Rohbau (wetterfeste Hülle, d. h. die Leistungsbereiche „Erdarbeiten, Mauer- und Stahlbetonarbeiten, Zimmerarbeiten“ sowie Fenster, Fassade und Dachabdichtung/Dachdeckung) und den Ausbau erstellt.

Die Checklisten für den Ausbau unterscheiden sich von denen des Rohbaus insofern, als hier zuerst ein Standard für jedes Geschoss (Ebene) festgelegt wird. Standard ist die mengenmäßig vorherrschende Ausbauqualität.

Die Ausbaustandards werden festgelegt für

- Decke, Untergrund, z. B. Gipsputz oder Sichtbeton,
- Decke, Oberfläche, z. B. Vlies mit Anstrich,
- Boden, Untergrund, z. B. Heizestrich auf TSD,
- Boden, Oberfläche, z. B. Parkett,
- Sockel, z. B. Holzsockel,
- Wand, Untergrund, z. B. Gipsputz,
- Wand, Oberfläche, z. B. Vlies mit Anstrich.

Die Checklisten für Rohbau und Ausbau sind abgestimmt auf die sog. Mengenermittlung mit System (MMS) mit der nach ihrem Entwickler Alfons Hasenbein benannten Hasenbeinmethode.

Für die Mengenermittlung nach der Hasenbeinmethode gilt:

- Nach Festlegung der Ausbaustandards wird nur noch die vom Standard abweichende Ausführung detailliert betrachtet.
- Die Mengenermittlung nach der Hasenbeinmethode erfasst immer 100 % aller Roh- und Ausbaumengen.

- Zunächst gilt für alle ermittelten Mengen der festgelegte Ausbaustandard.
- Vom Standard abweichende Ausführungen werden von der Gesamtmenge (100 %) abgezogen. Der Standard ergibt sich als Rest.

Praxistipp

Vorteil der Hasenbeinmethode: Der Standard ist in den Kosten mindestens erfasst, auch wenn eine besondere Ausführung nicht berücksichtigt wurde. Der Fehler liegt nur in der Differenz vom Besonderen zum Standard.

Kapitel 2.7 enthält detailliertere Ausführungen zur Mengenermittlung nach der Hasenbeinmethode.

Rohbau- und Ausbauchecklisten werden gemeinsam mit dem Bauherrn ausgefüllt. Die Mengenermittlung erfolgt auf Grundlage der Checklisten, für die sich die computergestützte MMS bewährt hat. Für die MMS wird keine CAD-Anwendung benötigt. Die Bearbeitung kann mit Papierplänen oder PDF-Dateien erfolgen.

Für das Beispielprojekt der Villa als Wohnhaus werden ca. 16 bis 26 Arbeitsstunden für die Kostenermittlung benötigt. Im Ergebnis liegt eine Mengenermittlung vor, die zu 100 % konform mit der Vertrags- und Vergabeordnung für Bauleistungen (VOB) ist. Die Ausgabe erfolgt als Kurztext-Leistungsverzeichnis (Kurztext-LV), die Gliederung nach Standard-Leistungsbuch (StLB). Das Kurztext-LV wird über die GAEB-Schnittstelle (GAEB = Gemeinsamer Ausschuss

Elektronik im Bauwesen) an ein AVA-Programm (AVA = Ausschreibung, Vergabe, Abrechnung) übergeben. Alternativ erfolgt die Bearbeitung in einem Tabellenkalkulationsprogramm. Die Baupreisberechnung ist ausführungsorientiert.

Die Baupreisberechnung erfolgt, indem die einzelnen Kurztexte mit Einheitspreisen (EP) versehen werden. EP, die dem Kostenplaner nicht bekannt sind, können kommerziellen Baupreiskatalogen, wie z. B. den SirAdos-Baupreistabellen, entnommen werden.

Das bei der Mengenermittlung erzeugte Kurztext-LV enthält noch nicht alle für die Ausführung notwendigen Leistungspositionen. Es werden die Hauptpositionen erfasst, bei denen die Nebenarbeiten noch kalkulatorisch zu berücksichtigen sind. Der Detaillierungsgrad liegt zwischen FE und Leistungsposition.

Praxistipp

Damit eine Berechnung nach KG gegliedert ausgegeben werden kann, empfiehlt es sich, die einzelnen Kalkulationspositionen mit den entsprechenden KG-Nummern zu versehen.

Dies hat 2 Vorteile:

- In der Phase der Kostenschätzung wird die Forderung der DIN 276 nach einer Auswertung nach KG erfüllt.
- Zugleich liegt eine ausführungsorientierte Gliederung vor, die eine Budgetierung nach Leistungsbereichen zulässt.

Besonderheit der Zuordnung von Mengen zu KG nach DIN 276 und ausführungsorientierter Gliederung

Die Mengen wurden gewerkeweise ermittelt und müssen für eine Gliederung nach DIN 276 den Bauteilen zugeordnet werden. Das bedeutet, dass jedes Gewerk in verschiedene KG aufgeteilt werden muss (siehe Abb. 2.11 und 2.12).

Beispiel

Zuordnung des I-Putzes:

- Die Fläche des Außenmauerwerks beträgt 263 m^2 (siehe Abb. 2.11).
- Es wurden 558 m^2 I-Putz ermittelt (siehe Abb. 2.12).
- Folglich sind 558 m^2 – 263 m^2 = 295 m^2 I-Putz KG 340 Innenwände (bzw. 345 Innenwandbekleidungen) zuzuordnen.
- Die verbleibenden 263 m^2 sind der KG 330 Außenwände (bzw. 345 Außenwandbekleidungen) zuzuordnen.
- Die vom Mengenermittlungsprogramm ausgegebenen Leibungslängen werden der KG 330 zugewiesen.

Zuordnung des Estrichs:

- Die Estrichmengen werden den KG 320 Gründung (bzw. KG 325 Bodenbeläge) und 350 Decken (bzw. 352 Deckenbeläge) zugeordnet.
- Die Mengenermittlung erfolgt ebenenweise. So können die Estrichmengen der einzelnen Gebäudeebenen den KG direkt zugeordnet werden.

Positions-Nr. / Ebene / Ort	Bezeichnung / Menge	Einh.	Element	Modul
012.02	**Mauerwerk aus Kalksandsteinen**			
012.02.0200	Außenwand KS d=17,5 cm		Mauerwerk	
EG	49,727	m2		Wände
	49,727	**m2**		
012.02.0300	Außenwand KS d=24 cm		Mauerwerk	
EG	109,601	m2		Wände
OG	80,755	m2		Wände
	190,356	**m2**		
012.02.0400	Außenwand KS d=30 cm		Mauerwerk	
EG	10,320	m2		Wände
OG	12,421	m2		Wände
	22,741	**m2**		
012.02.5100	Innenwand KS d=11,5 cm		Mauerwerk	
EG	32,122	m2		Wände
OG	85,258	m2		Wände
	117,380	**m2**		
012.02.5200	Innenwand KS d=17,5 cm		Mauerwerk	
EG	5,577	m2		Wände
	5,577	**m2**		
012.02.5300	Innenwand KS d=24 cm		Mauerwerk	
EG	84,451	m2		Wände
OG	19,952	m2		Wände
	104,403	**m2**		

Abb. 2.11: Auszug aus der Zusammenstellung Mauerarbeiten

023.05	Innenwandputz		
023.05.0150	Wa. Gipsputz Q3	Wand-Untergrund	
EG	238,732 m2		Innenausbau
OG	207,661 m2		Innenausbau
	446,393 m2		
023.05.0151	Leibung für vorgenannte Position	Wand-Untergrund Leibungslänge	
EG	29,820 m		Innenausbau
OG	20,065 m		Innenausbau
	49,885 m		
023.05.0152	Stütze als Zulage für vorgenannte Position	Wand-Untergrund Zulage Stützenlänge	
EG	3,580 m		Innenausbau
	3,580 m		
023.05.0250	Wa. Kalk-Zementputz unter Fliesen	Wand-Untergrund	
EG	32,778 m2		Innenausbau
OG	78,722 m2		Innenausbau
	111,500 m2		

Abb. 2.12: Auszug aus der Zusammenstellung Putzarbeiten

Ergebnis der Kostenschätzung als Besondere Leistung

Unterschiede zwischen der Kostenschätzung als Besondere Leistung und nach DIN 276 sind Tabelle 2.18 zu entnehmen.

Tabelle 2.18: Kostenschätzung als Besondere Leistung und nach DIN 276

Besondere Leistung	DIN 276
Gliederung nach KG und Leistungsbereichen	Gliederung nach KG
Gliederungstiefe mindestens in der dritten Gliederungsebene der DIN 276 bzw. ausführungsorientiert nach FE	Gliederungstiefe in der zweiten Gliederungsebene der DIN 276
Bildung von Vergabeeinheiten möglich	Bildung von Vergabeeinheiten nicht direkt möglich

Für das Beispielprojekt Villa als Wohnhaus stellt sich die Ausgabe, gegliedert nach Leistungsbereichen, ausführungsorientiert wie folgt dar (siehe Abb. 2.13). Die vollständige Kostenaufstellung „Beispielprojekt: ausführungsorientierte Darstellung der Kostenschätzung" steht zum Download bereit.

LV-Kostenaufstellung **Beispielprojekt Villa (Baupreis)**

Gewerkeschätzung (GWS)

– gesamt netto:	**1.621.310,80 €**
– zzgl. MwSt.:	308.049,05 €
– gesamt, brutto	**1.929.359,85 €**

– Kennzeichen für Bedarfs- bzw. Eventualpos.: ?
– alle Einzelbeträge netto in €

Nr./OZ	Bezeichnung	Menge/ Einheit	Einheits- preis in €	gesamt in €
002	**Erdarbeiten**			**17.133,31**
	gesamt (inkl. MwSt. 19 %), brutto:			20.388,64
03	**Baugrubenaushub**			**5.827,54**
03.01	Mutterboden Abtrag (Baukörper und Arbeitsräume)	492,459 m^2	7,36	3.624,50
03.02	Baustelleneinrichtung	60,394 m^3	31,00	1.872,21
03.03	Aushub und Abfuhr (Arbeitsräume)	10,672 m^3	31,00	330,83
04	**Fundamentaushub**			**6.709,54**
04.01	Aushub und Abfuhr (Fundamente)	44,212 m^3	48,00	2.122,18
04.02	Aushub und Lagern (Arbeitsraum Fundamente)	137,604 m^3	25,00	3.440,10
04.03	Aushub und Abfuhr (Fundamentab- treppungen)	9,484 m^3	48,00	455,23
04.04	Aushub und Lagern (Arbeitsraum Fundamentabtreppungen)	27,681 m^3	25,00	692,03

Abb. 2.13: Ausführungsorientierte, stark gekürzte Darstellung der Kostenschätzung (OZ: Ordnungszahl; Psch.: Pauschale)

05	**Bodeneinbau, Auf- und Hinterfüllungen**			**4.596,23**
05.01	Verfüllen (Arbeitsraum)	10,672 m³	28,00	298,82
05.02	Verfüllen (Arbeitsraum Fundamente)	137,604 m³	26,00	3.577,70
05.03	Verfüllen (Arbeitsraum Fundamentabtreppungen)	27,681 m³	26,00	719,71
012	**Mauerarbeiten**			**151.461,04**
	gesamt (inkl. MwSt. 19 %), brutto:			180.238,64
02	**Mauerwerk aus Kalksandsteinen**			**31.062,69**
02.01	Außenwand KS $d = 17{,}5$ cm	49,727 m²	58,00	2.884,17
02.02	Außenwand KS $d = 24$ cm	190,356 m²	69,60	13.248,78
02.03	Außenwand KS $d = 30$ cm	22,741 m²	75,00	1.705,58
02.04	Innenwand KS $d = 11{,}5$ cm	117,38 m²	48,00	5.634,24
02.05	Innenwand KS $d = 17{,}5$ cm	5,577 m²	58,00	323,47
02.06	Innenwand KS $d = 24$ cm	104,403 m²	69,60	7.266,45
03	**Mauerwerk aus Porenbetonsteinen**			**2.346,12**
03.01	Außenwand, Attika, PP $d = 20$ cm DM	24,287 m²	96,60	2.346,12
12	**Mauerwerk – Sonstiges**			**9.779,92**
12.01	Bitumen-Dachdichtungsbahn unter Mauerwerk $d \geq 11{,}5 < 15$ cm	11,855 m	4,80	56,90
12.02	Bitumen-Dachdichtungsbahn unter Mauerwerk $d \geq 17{,}5 < 20$ cm	16,84 m	6,80	114,51
12.03	Bitumen-Dachdichtungsbahn unter Mauerwerk $d \geq 24 < 30$ cm	58,529 m	9,00	526,76

Fortsetzung Abb. 2.13

12.04	Öffnung anlegen in Außenwänden $\geq 2{,}5 < 5\ m^2$	3 St.	–	–
12.05	Baustelleneinrichtung	3 St.	45,00	135,00
12.06	Öffnung anlegen in Innenwänden $< 2{,}5\ m^2$	4 St.	–	–
12.07	Öffnung anlegen in Innenwänden $\geq 2{,}5 < 5\ m^2$	5 St.	45,00	225,00
12.08	Öffnung anlegen in Innenwänden $\geq 5 < 7{,}5\ m^2$	1 St.	65,00	65,00
12.09	Fertigteilsturz über Außenwand-öffnungen, $d = 24$ cm	10,3 m	38,00	391,40
12.10	Fertigteilsturz über Wandöffnungen, $d \leq 11{,}5$ cm	7,965 m	26,00	207,09
12.11	Fertigteilsturz über Wandöffnungen, $d = 17{,}5$ cm	1,4 m	32,00	44,80
12.12	Fertigteilsturz über Wandöffnungen, $d = 24$ cm	3,625 m	38,00	137,75
12.13	KS-Kimmstein *a. Zul. $d = 11{,}5$ cm	30,105 m	8,00	240,84
12.14	KS-Kimmstein *a. Zul. $d = 24$ cm	36,205 m	15,00	543,08
12.15	KS-ISO-Kimmstein *a. Zul. $d = 11{,}5$ cm	11,855 m	23,00	272,67
12.16	KS-ISO-Kimmstein *a. Zul. $d = 17{,}5$ cm	16,84 m	28,00	471,52
12.17	KS-ISO-Kimmstein *a. Zul. $d = 24$ cm	58,529 m	32,00	1.872,93

Fortsetzung Abb. 2.13

12.18	Wa. Fugenglattstrich	42,606 m²	9,00	383,45
12.19	Porenbeton-U-Schale (Attika) mit Füllbeton C20/25, $b = 20$ cm	97,41 m	42,00	4.091,22
13	**Mauerwerksstützen**			**228,47**
13.01	KS-Mauerwerk (Rechteckstützen)	0,737 m³	310,00	228,47
40	**Verblendmauerwerk**			**102.426,64**
40.01	Sockel-Verblendmauerwerk LDF, mit Fingerspalt und Perimeterdämmung	12,942 m²	154,53	1.999,93
40.02	Sockel-Verblendmauerwerk LDF ohne Dämmung	16,3 m²	115,86	1.888,52
40.03	Verblendmauerwerk LDF ohne Dämmung	252,882 m²	115,86	29.298,91
40.04	Verblendmauerwerk LDF, mit Fingerspalt und Kerndämmung 20 [...]	223,292 m²	154,53	34.505,31
40.05	Laibung seitlich für vorgenannte Position	33,81 m	125,00	4.226,25
40.06	horizontale Fußpunktausbildung über Fenster-/Türöffnung	74,765 m	42,50	3.177,51
40.07	Verschluss der Dämmebene mit Mauerrandstreifen (XPS) im Be [...]	198,44 m	22,65	4.494,67
40.08	Überdeckung Öffnung mit Winkelkonsolanker $k = 220$ mm	8,2 m	128,00	1.049,60
40.09	Aussparung Verblender für Fallrohre, $b = 0,1$ m	14,95 m	76,00	1.136,20

Fortsetzung Abb. 2.13

40.10	Öffnung anlegen für Briefkasten/ Klingelelement (*b/h*= 0,4/0,75 m)	1 St.	265,00	265,00
40.11	Öffnung anlegen für Lüftungsöffnung (*b/h* = 0,6/0,3m)	2 St.	48,50	97,00
40.12	Verblendmauerwerk, elastische Fugen	1 Psch.	1.150,00	1.150,00
40.13	Ausfugen Verblendschale, Läufer	505,416 m^2	21,00	10.613,74
40.14	Verblendmauerwerk, Fußpunktabdichtung	110 m	42,00	4.620,00
40.15	Verblendmauerwerk, Abdichtung FT-Stürze, Raffstore	83 m	38,00	3.154,00
40.16	Sonstige Detailarbeiten Abdichtung Klinker	1 Psch.	750,00	750,00
70	**Durchbrüche/Schlitze**			**2.225,00**
70.01	Durchbruch Wand 600/200 mm	1 St.	45,00	45,00
70.02	Wandschlitz (*b/t/h*) 600/200/100 mm	2 St.	120,00	240,00
70.03	Aussparung im Klinkermauerwerk (*b/h*) 600/200 mm	2 St.	45,00	90,00
70.04	Schließen aller Durchbrüche	1 Psch.	1.850,00	1.850,00
95	**Sonstiges**			**3.392,20**
95.01	Stundensatz Vorarbeiter, Mauerarbeiten	18 h	45,70	822,60
95.02	Stundensatz Fachwerker, Mauerarbeiten	32 h	42,30	1.353,60
95.03	Stundensatz Bauwerker, Mauerarbeiten	32 h	38,00	1.216,00

Fortsetzung Abb. 2.13

34	**Maler- und Lackierarbeiten – Beschichtungen**			**36.494,10**
	gesamt (inkl. MwSt. 19 %), brutto:			43.427,98
08	**Wand- und Deckenflächen innen – Anstrich**			**36.494,10**
08.01	Wand und Deckenflächen spachteln (EG + OG)	577,453 m^2	17,00	9.816,70
08.02	Wand Vlies + Silikatanstrich	698,285 m^2	22,50	15.711,41
08.03	Wa. beschichten Disp., Nassabriebkl. 3 (Garage)	67,924 m^2	15,00	1.018,86
08.04	De. beschichten Disp., Nassabriebkl. 3 (Garage)	72 m^2	19,00	1.368,00
08.05	De. beschichten Silikat	109,17 m^2	22,50	2.456,33
08.06	De. beschichten Silikat, seitl. Abkleidung Lichtkuppel	7,6 m^2	25,00	190,00
08.07	Stütze als Zulage für vorgenannte Position	11,07 m	8,00	88,56
08.08	Unterzug als Zulage für vorgenannte Position	28,43 m	12,00	341,16
08.09	Trep.-Unters./-Wangen, Zw.-Pod. beschichten Silikat	11,267 m^2	29,00	326,74
08.10	Leibungen	61,59 m	26,00	1.601,34
08.11	Fugen PU (ca.)	400 m	4,40	1.760,00
08.12	Fugen Acryl (ca.)	350 m	2,40	840,00
08.13	Fugen Silikon	250 m	3,90	975,00

Fortsetzung Abb. 2.13

39	**Trockenbauarbeiten**			**84.895,86**
	gesamt (inkl. MwSt. 19 %), brutto:			101.026,07
2	**Trennwände/Schachtwände**			**14.534,77**
02.2000	Metallständerwand, $d = 150$ mm	69,487 m²	62,00	4.308,19
02.2010	Metallständerwand, $d = 150$ mm, F90	2,565 m²	85,00	218,03
02.2200	Metallständerwand, $d = 150$ mm, CW100, 2 · 12,5, 56 dB	53,231 m²	79,00	4.205,25
02.3200	Metallständerwand, $d = 255$ mm	16,981 m²	110,00	1.867,91
02.4750	Metallständerwand, gleitender Deckenanschluss	47,78 m	14,25	680,87
02.4800	Öffnung anlegen in Metallständerwänden < 2,5 m²	4 St.	45,00	180,00
02.4805	Öffnung anlegen in Metallständerwänden ≥ 2,5 < 5 m²	7 St.	65,00	455,00
02.5210	Installationswand, $d = 201$–300 mm, 2 · CW50, 2 · 12,5	3,328 m²	72,00	239,62
02.5750	Installationswand, gleitender Deckenanschluss	1,01 m	14,25	14,39
02.6250	Schachtwand, $d = 75$ mm, CW50, 2 · 12,5, 30 dB, F30	3,759 m²	68,00	255,61
02.6270	Schachtwand, $d = 75$ mm, CW50, 2 · 12,5, 40 dB, F30	14,678 m²	72,00	1.056,82
02.9000	Wa. 2. Lage GK imprägniert *a. Zul.	87,757 m²	12,00	1.053,08

Fortsetzung Abb. 2.13

03	**Vorsatzschalen**			**232,49**
03.50	Vorsatzschale vor Vorwandinstallation Höhe > 125 ≤ 150 cm, Br [...]	1,785 m^2	68,00	121,38
03.60	Vorsatzschale vor Vorwandinstallation Höhe > 150 cm, Breite ≤ [...]	1,634 m^2	68,00	111,11
08	**Einbauteile**			**6.060,00**
08.1	Tellerventil in Akustikdecke	3 St.	48,00	144,00
08.2	Tellerventil in GK-Decke	2 St.	48,00	96,00
08.3	Leuchtenausschnitte, rund DN120-140	171 St.	20,00	3.420,00
08.4	Faschenausbildung, rund (Leuchten paarweise)	60 St.	40,00	2.400,00
10	**Deckenbekleidungen/abgehängte Decken**			**64.068,60**
10.1	abgeh. Decke GK glatt, Abhängehöhe 20 cm	102,441 m^2	65,00	6.658,67
10.2	abgeh. Decke GK Akustik mit Spritzputz + 2 · 12,5 GK, Abhänge [...]	226,493 m^2	185,00	41.901,21
10.3	abgeh. Decke GKI, Abhängehöhe 20 cm	47 m^2	68,00	3.196,00
10.4	abgeh. Decke GKI, Abhängehöhe 19 cm	6,72 m^2	68,00	456,96
10.5	De. abgeh. GK – Randfries ca. 95 cm	7,6 m^2	135,00	1.026,00
10.6	De. abgeh. GK – Randfuge 25 mm	153,32 m	22,00	3.373,04
10.7	De. abgeh. GK – Randfuge inkl. Profil Akustikdecke, b = ca. 25 mm	237,74 m	28,00	6.656,72
10.8	Detailarbeiten	1 Psch.	800,00	800,00

Fortsetzung Abb. 2.13

40	**Haustechnik**			**317.633,87**
	gesamt (inkl. MwSt. 19 %), brutto:			377.984,31
05	**Heizung**			**77.074,00**
05.1	Wärmepumpe	1 Psch.	37.569,00	37.569,00
05.2	Erdsondenbohrungen	1 Psch.	25.600,00	25.600,00
05.3	Lüftungsanlage	1 Psch.	12.255,00	12.255,00
05.4	Beantragung Fördergelder	1 Psch.	1.650,00	1.650,00
10	**Kühldecke**			**-**
10.01	Kühlpaket	1 St.	1.470,00	–
10.02	Kühldecke	322 m^2	85,00	–
10.03	Zuleitung Kühldecke	1 Psch.	2.000,00	–
10.04	Kernbohrung DN 130	12 St.	95,00	–
10.05	Kernbohrung DN 200	12 St.	105,00	–
20	**Sanitär**			**57.924,33**
20.1	Entwässerung	1 Psch.	6.113,05	6.113,05
20.2	Leerohre	1 Psch.	413,89	413,89
20.3	Bewässerung mit Zubehör	1 Psch.	14.680,12	14.680,12
20.4	sanitäre Einrichtungsgegenstände	1 Psch.	22.023,33	22.023,33
20.5	Kernbohrungen, Durchführungen	1 Psch.	8.559,54	8.559,54
20.6	sonstige Kosten	1 Psch.	6.134,40	6.134,40

Fortsetzung Abb. 2.13

30	**Elektroinstallation**			**147.805,54**
30.1	Angebot Firma Knodt	1 Psch.	130.657,85	130.657,85
30.02	Angebot Firma Knodt nur Fotovoltaik	1 Psch.	24.145,50	–
30.3	IRL/2 DS 238/259 IR Schleieranlage	7 St.	1.350,67	9.454,69
30.4	IR/2 Anschlussmodul BUS-1	7 St.	1.099,00	7.693,00
40	**Leuchten**			**34.830,00**
40.1	Aufputz LED-Leuchte (Keller)	10 St.	250,00	2.500,00
40.2	Delta-Light-Deckeneinbauspot (90 €) EG + Leuchtmittel (30 €)	82 St.	155,00	12.710,00
40.3	Einbauleuchten Garage LED 625 Raster	10 St.	250,00	2.500,00
40.4	Deckenleuchten Garagenvordach	23 St.	250,00	5.750,00
40.5	Eingang, Terrassenüberdachungen Delta Light (90 €) + Leuchtm[...]	54 St.	155,00	8.370,00
40.6	Deckenleuchten über Balkonen (OG außen)	12 St.	250,00	3.000,00
Gesamtsumme: Beispielprojekt Villa				
		gesamt, netto:		**1.621.310,80 €**
		zzgl. MwSt.:		308.049,05 €
		gesamt, brutto:		**1.929.359,85 €**

Fortsetzung Abb. 2.13

Eine Darstellung der Kostenaufstellung in der Gliederung nach DIN 276 erfolgt wahlweise (siehe Abb. 2.14).

Kostenberechnung

Kostengliederung: DIN 276 (2018-12)

– **gesamt netto:**	**1.985.060,77 €**
– zzgl. MwSt.:	377.161,55 €
– **gesamt, brutto:**	**2.362.222,32 €**

- Kennzeichnung für Leistung(en) mit Mengensplitting: T
- Teilmengen von Leistungen könnnen auf verschiedene Kostenstellen verteilt sein (Mengensplitting)
- Teilmengen werden mit max. 3 Nachkommastellen dargestellt und ggf. gerundet

KG/OZ	DIN 276 (2018-12) Hochbau/ Quelleinträge	Menge/ Einheit	Teilbetrag/ Einheits-preis in €	gesamt in €
100	**Grundstück**			**338.750,00**
	Gesamtkosten, brutto:			338.750,00
110	Grundstückswert			338.750,00
200	**Vorbereitende Maßnahmen**			**25.000,00**
	Gesamtkosten (inkl. MwSt. 19 %), brutto:			29.750,00
210	Herrichten			15.000,00
220	Öffentliche Erschließung			10.000,00
300	**Bauwerk – Baukonstruktion**			**1.253.708,34**
	Gesamtkosten (inkl. MwSt. 19 %), brutto:			1.491.912,91
310	Baugrube/Erdbau			7.086,70
320	Gründung/Unterbau			139.638,80
330	Außenwände/vertikale Baukonstruktionen außen			434.505,35
340	Innenwände/vertikale Baukonstruktionen innen			114.707,55
350	Decken/horizontale Baukonstruktionen			250.849,99

Abb. 2.14: Gliederung der Kostenschätzung nach KG der DIN 276 (OZ: Ordnungszahl)

KG/OZ	DIN 276 (2018-12) Hochbau/ Quelleinträge	Menge/ Einheit	Teilbetrag/ Einheits-preis in €	gesamt in €
360	Dächer			199.538,55
390	Sonstige Maßnahmen für Baukonstruktionen			107.381,40
400	**Bauwerk – technische Anlagen**			**338.956,87**
	Gesamtkosten (inkl. MwSt. 19 %), brutto:			403.358,67
410	Abwasser-, Wasser-, Gasanlagen			76.483,51
420	Wärmeversorgungsanlgen			63.169,00
430	raumlufttechnische Anlagen			12.255,00
440	elektrische Anlagen			186.709,36
450	Kommunikations-, sicherheits- und informationstechnische Anlagen			85,00
500	**Außenanlagen und Freiflächen**			**26.995,56**
	Gesamtkosten (inkl. MwSt. 19 %), brutto:			32.124,72
540	Baukonstruktionen			14.500,00
570	Vegetationsflächen			12.495,56
700	**Baunebenkosten**			**1.650,00**
	Gesamtkosten (inkl. MwSt. 19 %), brutto:			1.963,50
770	Allgemeine Baunebenkosten			1.650,00
Gesamtsumme: Beispielprojekt Villa				
			gesamt, netto:	**1.985.060,77**
			zzgl. MwSt.:	312.799,03
			gesamt, brutto:	**2.297.859,80**

Fortsetzung Abb. 2.14

Der Gesamtaufwand des Kostenplaners für die Kostenschätzung als Besondere Leistung setzt sich für das Beispielprojekt zusammen aus:

Ausfüllen der Checklisten mit Bauherrn/Architekten	2,50 Stunden
Mengenermittlung (MMS)	20,00 Stunden
Auswertung, Baupreisermittlung	4,00 Stunden
Summe	**26,50 Stunden**

Bei einem Durchschnittsstundensatz von 85,00 €/Stunde beträgt der Aufwand ca. 2.252,50 € zuzüglich MwSt.

Der Aufwand für die Kostenschätzung als Grundleistung setzt sich im Gegensatz dazu zusammen aus:

Mengenermittlung	3,00 Stunden
Berechnung der ME	4,00 Stunden
Auswertung, Baupreisermittlung	2,00 Stunden
Summe	**9,00 Stunden**

Der Mehraufwand für die Kostenschätzung als Besondere Leistung beträgt demnach 17,50 Stunden oder rund 1.500,00 € zuzüglich MwSt.

2.3 Kostenberechnung

Die Kostenberechnung dient als Grundlage für die Entscheidung darüber, ob die Entwurfsplanung in die Genehmigungsplanung überführt werden kann.

Für die Kostenberechnung fordert die DIN 276

- eine Gliederungstiefe mindestens bis zur dritten Ebene der Kostengliederung.

Kostenschätzung als Grundleistung

- Für die Kostenberechnung ist eine detaillierte Mengenermittlung durchzuführen.
- Die Mengenermittlung hat im Detaillierungsgrad der FE zu erfolgen.
- Die Berechnung erfolgt ausführungsorientiert.
- Die Gliederungstiefe nach KG ist in der dritten Ebene der Kostengliederung zu führen.

Kostenschätzung in höherer Genauigkeit als Besondere Leistung

- Die Kostenberechnung ist eine Fortschreibung der Kostenschätzung.
- Die vorhandene Mengenermittlung wird dem aktuellen Stand der Planung angepasst.
- Nur bei umfangreichen Änderungen ist es wirtschaftlich sinnvoll, die Mengenermittlung neu zu erstellen.
- Bei der Kostenberechnung werden weitere, dem Detaillierungsgrad entsprechende Kalkulationspositionen ergänzt.
- Der Arbeitsaufwand aus der Kostenschätzung ist gerechtfertigt durch die Möglichkeit der Kostenfortschreibung.

Praxistipp

Die bei der Kostenberechnung verwendeten Leistungspositionen werden direkt jeweils einer KG zugeordnet. Dadurch sind wahlweise eine ausführungsorientierte oder eine Auswertung nach DIN 276 möglich. Die gängigen AVA-Programme unterstützen diese Funktion. Bei der Kostenberechnung mit Tabellenkalkulationsprogrammen ist eine Spalte für die KG vorzusehen. Es können dann beide Varianten der Kostenberechnung ausgegeben werden.

Bei einer ausführungsorientierten Kostenermittlung sind die einzelnen Kostenpositionen den entsprechenden KG zuzuordnen, damit eine Auswertung nach KG entsprechend der DIN 276 möglich ist.

Aus den Ergebnissen der Kostenberechnung werden die Budgets für die verschiedenen Vergabeeinheiten gebildet. Die Budgetierung ist Voraussetzung für eine funktionierende Kostensteuerung (vgl. Tabelle 2.19).

Tabelle 2.19: Ergebnis der Kostenberechnung – Bildung von Budgets

Leistungsbereich/Titel	**Budget (€)**	**MwSt. (€)**	**gesamt (€)**
Grundstück	**338.750,00**	**0,00**	**338.750,00**
000 Sicherheitseinrichtung	37.575,00	7.139,25	44.714,25
001 Gerüstarbeiten	19.450,00	3.695,50	23.145,50
002 Erdarbeiten	15.400,00	2.926,00	18.326,00
009 Abwasserkanalarbeiten	33.700,40	6.403,08	40.103,48
010 Drän- und Versickerarbeiten	13.900,80	2.641,15	16.541,95
012/013 Rohbauarbeiten	339.754,50	64.553,36	404.307,86
014 Natur-, Betonwerksteinarbeiten	49.875,70	9.476,38	59.352,08
021/022 Dachabdichtungsarbeiten	129.750,50	24.652,60	154.403,10
023 Putz- und Stuckarbeiten	21.790,00	4.140,10	25.930,10
024 Fliesenarbeiten	9.458,00	1.797,02	11.255,02
025 Estricharbeiten	12.732,00	2.419,08	15.151,08

Fortsetzung Tabelle 2.19

Leistungsbereich/Titel	**Budget (€)**	**MwSt. (€)**	**gesamt (€)**
026 Fenster, Außentüren (inkl. 030)	254.653,00	48.384,07	303.037,07
027 Tischlerarbeiten	104.365,00	19.829,35	124.194,35
028 Parkett-, Holzpflasterarbeiten	88.456,00	16.806,64	105.262,64
029 Beschlagarbeiten	1.450,00	275,50	1.725,50
031 Metallbauarbeiten	47.754,60	9.073,37	56.827,97
034 Malerarbeiten	36.400,00	6.916,00	43.316,00
038 vorgehängte Fassade	17.845,00	3.390,55	21.235,55
039 Trockenbauarbeiten	75.784,00	14.398,96	90.182,96
Zwischensumme KG 300	**1.310.094,50**	**248.917,96**	**1.559.012,46**
040 Sanitär und Heizung	135.789,00	25.799,91	161.588,91
050 Elektroinstallation	178.254,00	33.868,26	212.122,26

Fortsetzung Tabelle 2.19

Leistungsbereich/Titel	**Budget (€)**	**MwSt. (€)**	**gesamt (€)**
050 Blitzschutz	2.700,00	513,00	3.213,00
Zwischensumme KG 400	**316.743,00**	**60.181,17**	**376.924,17**
Projektsteuerung	8.500,00	1.615,00	10.115,00
Architekten und Ingenieure	192.000,00	36.480,00	228.480,00
Gutachten und Beratung	17.000,00	3.230,00	20.230,00
Genehmigungen, Prüfungen	16.500,00	3.135,00	19.635,00
Zwischensumme KG 700	**234.000,00**	**44.460,00**	**278.460,00**
gesamt (€)	**2.199.587,50**	**353.595,13**	**2.553.146,63**

Unterschiede können sich in den Ergebnissen vom Kostenrahmen bis zur Kostenberechnung ergeben. Hierbei ist zu berücksichtigen, dass die Abweichung von der Kostenschätzung zur Kostenberechnung max. 8 % betragen sollte. Wurde die Kostenschätzung mit höherer Genauigkeit als Besondere Leistung erbracht, liegt die Abweichung bei max. 3 bis 5 %. Bei größeren Abweichungen sind die Ursachen zu ergründen und zu dokumentieren. In der Regel führen nur umfangreichere Änderungen der Planung zu Sprüngen in den Ergebnissen.

Tabelle 2.20 zeigt den Kostenverlauf für das Beispielprojekt Villa als Wohnhaus. Im rechten Tabellenabschnitt ist der prozentuale Vergleich der jeweils aktuellen Kostenermittlungsstufe (Bezugsgröße = 100 %) für die Summen aus KG 300 und 400 zu den vorherigen Stufen dargestellt.

Tabelle 2.20: Kostenverlauf für das Beispielprojekt „Villa" (brutto)

KG	Kostenermittlungsstufen			
	Kostenrahmen (€)	Kostenschätzung nach der Elementemethode (€)	Kostenschätzung nach Leistungsbereichen (€)	Kostenberechnung (€)
Summe KG 300 und 400	2.059.682,05	1.737.253,93	1.929.359,85	1.895.271,58
KG 300	–	1.170.306,39	1.548.400,54	1.491.912,91
KG 400	–	566.947,54	380.959,31	403.358,67

Fortsetzung Tabelle 2.20

KG	Kostenermittlungsstufen			
	Kostenrahmen (%)	Kostenschätzung nach der Elementemethode (%)	Kostenschätzung nach Leistungsbereichen (%)	Kostenberechnung (%)
Vergleich mit Kostenschätzung (Elementemethode)	119	100	–	–
Vergleich mit Kostenschätzung (Leistungsbereiche)	107	110	100	–
Vergleich mit Kostenberechnung	109	108	102	100

2.4 Kostenvoranschlag

Der Kostenvoranschlag dient als Entscheidungsgrundlage für die Ausführungsplanung und die Vorbereitung der Vergabe. Der Kostenvoranschlag ist als Kostenermittlungsstufe einmalig oder mehrmalig aufzustellen. Nach DIN 276 Abschnitt 4.3.5 wird er auf Grundlage der Ausführungsplanung und der Leistungsverzeichnisse erstellt. In der Praxis besteht der Kostenvoranschlag aus den Schätzpreis-LVs der LPH 6.

Wird jedoch im Zuge des Baukostenmanagements nach Vorliegen der Ausführungsplanung eine Kostenermittlung durchgeführt, können die Ergebnisse und ggf. die Optimierungsvorschläge direkt in der LPH 6 berücksichtigt werden.

Baukostenermittlung zum Abschluss der Ausführungsplanung

- Die HOAI sieht für die LPH 5 keine weitere Kostenermittlungsstufe vor.
- Eine Kostenermittlung vor der Ausschreibung (LPH 6) ist als Besondere Leistung zu vergüten.
- Der Aufwand für eine zusätzliche Kostenermittlung kann verhältnismäßig gering gehalten werden, sofern der Planer auch mit der LPH 6 Vorbereitung der Vergabe beauftragt ist.
- Die für die Erstellung der LV (LPH 6) notwendige Mengenermittlung wird für die zusätzliche Kostenberechnungsstufe vorgezogen.
- Für die Mengenermittlung wird die Hasenbeinmethode angewendet.
- Im Ergebnis liegt ein Kurztext-LV für 100 % der Roh- und Ausbaumassen vor, das mit marktüblichen EP versehen wird.

- Die Mengenermittlung und das daraus erzeugte Kurztext-LV können für die späteren Ausschreibungen zu 100 % verwendet werden.

Zusätzlicher Aufwand für die Kostenermittlung

- Ein Mehraufwand für die Mengenermittlung entsteht nicht; die für die Ausschreibung notwendige Mengenermittlung wird lediglich vorgezogen.
- Der zusätzliche Aufwand besteht lediglich im Bepreisen des Kurztext-LVs.

Die zusätzliche Kostenermittlungsstufe dient als Entscheidungsgrundlage für die Ausführungsplanung. Sie ist Grundlage einer funktionierenden Kostensteuerung und ermöglicht die Durchführung einer Baukostenoptimierung.

Praxistipp

Nach Vorliegen der Ausführungsplanung sollte eine zusätzliche Baukostenberechnung erfolgen. Diese besteht aus einem Kurztext-LV, gegliedert nach Leistungsbereichen bzw. Gewerken. Den Kurztextpostionen sind die Kostengruppen nach DIN 276 zuzuordnen, sodass die Anforderungen an den Kostenvoranschlag bereits erfüllt sind. Auf der Basis der zusätzlichen Baukostenberechnung können die Leistungsverzeichnisse erstellt werden. Diese werden wiederum mit Schätzpreisen versehen und stellen den Kostenvoranschlag dar.

2.5 Kostenanschlag

Der Kostenanschlag ist eine Entscheidungsgrundlage über die Ausführungsplanung und die Vorbereitung zur Vergabe. Gemäß § 34 HOAI soll der Kostenanschlag nach DIN 276 aus Einheits- oder Pauschalpreisen der Angebote erstellt werden. In der Regel liegen nicht alle Ausschreibungen und Angebote vor Baubeginn vor, sondern werden teilweise baubegleitend erbracht. Der Kostenanschlag nach DIN 276 ist nur bedingt als Entscheidungsgrundlage geeignet, da er vor Baubeginn noch nicht vorliegt und somit nicht als Steuerungsmittel genutzt werden kann.

Praxistipp

Der Kostenvoranschlag ist mit größter Sorgfalt zu erstellen, da diese Kostenermittlungsstufe in der Praxis die eigentliche Entscheidungsgrundlage für die Ausführung darstellt. Bei einer sorgfältigen Aufstellung der Kostenermittlung ergeben sich in der Regel nur geringe Abweichungen zum vollständigen Kostenvoranschlag.

2.6 Abweichungen bei der Kostenermittlung

Eine Abweichung zwischen Kostenermittlung und tatsächlichen Kosten ist kein Fehler in der Kostenermittlung. Abweichungen dürfen sich in einem Toleranzrahmen bewegen, dessen Größe sich nach dem Einzelfall richtet.

Tabelle 2.21 gibt eine Übersicht über die Werte eines möglichen Toleranzrahmens. Diese Werte stellen lediglich die Sicht des Autors dar und sind nicht aus Regelwerken oder gesetzlichen Vorschriften entnommen.

Tabelle 2.21: Toleranzrahmen Kostenermittlung bei verschiedenen Kostenermittlungsstufen

Kostenermittlungsstufen	Toleranzrahmen (%)
Kostenrahmen	± 25–30
Kostenschätzung	± 20–25
Kostenberechnung	± 15–20
Kostenvoranschlag	± 10–15
Kostenanschlag	± 7–15

Praxistipp

Der Bauherr ist über die mögliche Abweichung, also den anzusetzenden Toleranzrahmen einer Kostenermittlung, aufzuklären, damit er nicht von falschen Voraussetzungen ausgeht und der Planer bei Abweichungen möglicherweise schadensersatzpflichtig ist.

Bei der Kostenermittlung können Fehler auftreten (vgl. Tabelle 2.22).

Dem Kostenplaner nicht anzulasten sind Kostenänderungen aufgrund von

- veränderten Rahmenbedingungen, die vorher nicht erkennbar waren,
- Auflagen von Behörden und Trägern öffentlicher Belange, die trotz sorgfältiger Grundlagenermittlung nicht absehbar waren,
- höherer Gewalt, Streik und Ähnlichem,
- Unvorhersehbarkeiten bei Umbauten,
- nicht abschätzbaren Baugrundrisiken.

Hinweis

Die folgenden Fehler sind nicht von einem Toleranzrahmen abgedeckt:

- vergessene MwSt.,
- unrealistische Kennwerte,
- grobe Fehler bei der Berechnung der Bezugsgrößen.

Tabelle 2.22: Fehler bei der Kostenermittlung und deren Vermeidung

Fehlerursache	**Fehlervermeidung**
unrealistische Kennwerte	Plausibilitätskontrolle durch Vergleich mit Kennwerten aus der Literatur, z. B. BKI Baukosten
fehlerhafte Mengenermittlung	transparente Aufstellung der Mengenermittlung, lückenlose Dokumentation der ermittelten Mengen
fehlende Kostenansätze	strikte Anwendung von Checklisten, Verwendung von Kalkulationsmustern, die sämtliche Kostenansätze beinhalten
falsche Qualitäts- und/oder Quantitätsannahmen	Verwendung von Checklisten, die mit dem Bauherrn ausgefüllt werden, Dokumentation und Übermittlung der Ergebnisse
nicht beachtete Auflagen von Behörden und Trägern öffentlicher Belange	sorgfältige Grundlagenermittlung, frühzeitige Gespräche mit Behörden
falsche Annahme der Gründungssituation	deutlicher Hinweis an den Bauherrn, Baugrunduntersuchungen zu beauftragen
unzureichende Planung	bei unzureichender Planung keine Kostenaussage möglich

2.7 Exkurs: Mengenermittlung nach der Hasenbeinmethode

Die Hasenbeinmethode, kurz MMS, minimiert den Arbeitsaufwand der Mengenermittlung erheblich. Sämtliche Mengen werden nur einmal betrachtet; die Ermittlung erfolgt ebenenweise. Die Methode gewährleistet eine hohe Transparenz durch eine nachprüfbare Dokumentation.

Eine Mengenermittlung kann wie im Folgenden mit dem Programm HasenbeinPlus beschrieben ablaufen.

Ermittlung der Grundflächen

Die Grundflächen werden begrenzt durch die Rohbauaußenkanten des Gebäudes. Flächen und Umfänge werden ebenenweise sowie Boden- und Deckenflächen getrennt ermittelt. Die Daten werden für weitere Module („Baugrube", „Bodenplatte" bzw. „Geschossdecke", „Fassade" und „Innenausbau") weiterverwendet. Zum Beispiel werden im Modul „Geschossdecken" die Daten aus den Grundflächen für die Mengen des Stahlbetons, der Randschalung und der Deckenschalung verwendet. Eine erneute Ermittlung ist nicht notwendig.

Die ausführliche Dokumentation (siehe Abb. 2.15 bis 2.20) sowie weitere Zeichnungen sind als Download ⊕ verfügbar („Beispielprojekt: vollständige Dokumentation").

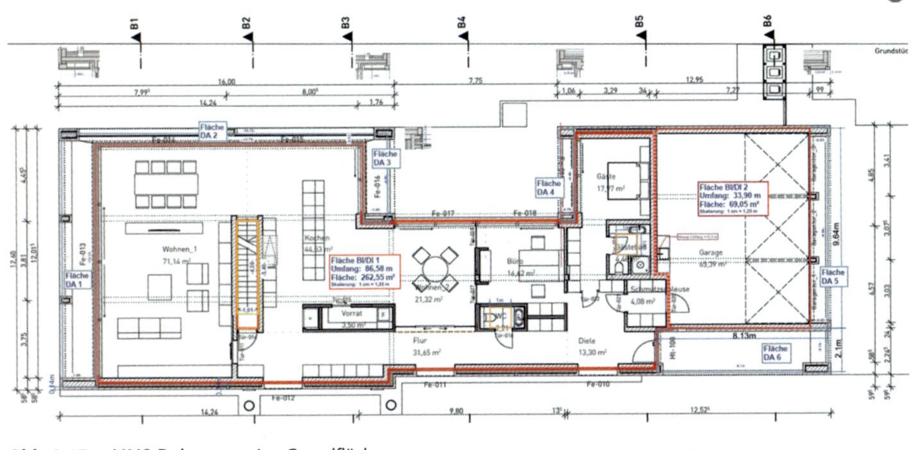

Abb. 2.15: MMS-Dokumentation Grundflächen

Hasenbein Mengenermittlung	B = Boden innen D = Decke innen DA = Decke außen DS = Decke innen mit Dachschräge ZU = Zuschlag AB = Abzug	**VOB-Prüfung der Öffnungen** TR (Treppe) ja AZ (Aufzugsschacht) ja SC (Schacht) ja RM (Rampe) ja So (Sonstige) ja Die Grundlagen für Erdarbeiten und Bodenplatte werden natürlich nur in den relevanten Geschossen (meistens KG, UG) genutzt.	**VOB-Kriterien** LB - 002 > 2,5 m2 LB - 013 > 2,5 m2	Projekt: 101 Bauvorhaben: Beispielprojekt Villa Bauort: Wuppertal **Grundflächen / Umfänge** **M-1** Grundlagen für den Rohbau Gebäude: Villa ohne KG Geschoss: **EG**

Nr.	Form	a	b	c	Anz.	Eingabedaten Abwicklung Berechnung	Gesamt	Länge Berechnung	Gesamt	Fläche einzel	Fläche gesamt	Grundlage für Erdarbeiten LB - 002	Bodenplatte LB - 013	Deckenplatte LB - 013
		m/m2	m	m	St	m	m	m	m	m2	m2	m2	m2	m2
Boden innen														
B 1	Sonderform				1					262,550	262,550	262,550	262,550	
B 2	Sonderform				1					69,060	69,060	69,060	69,060	
Summe:											**331,610**	**331,610**	**331,610**	
Boden Öffnungen														
TR 1	Rechteck	1,010	4,300							-4,343				
Summe:					**1**					**-4,343**	**-4,343**		**-4,343**	
Decken innen														
D 1	Sonderform				1					262,550	262,550			262,550
D 2	Sonderform				1					69,060	69,060			69,060
Summe:											**331,610**			**331,610**
Decken außen														
DA 1	Rechteck	1,480	12,120		1					17,938	17,938			17,938
DA 2	Rechteck	12,780	0,520		1					6,646	6,646			6,646
DA 3	Rechteck	1,460	4,260		1					6,220	6,220			6,220
DA 4	Rechteck	0,760	4,490		1					3,412	3,412			3,412
DA 5	Rechteck	0,850	9,640		1					8,194	8,194			8,194
DA 6	Rechteck	8,130	2,100		1					17,073	17,073			17,073
Summe:											**59,483**			**59,483**
Decken Öffnungen														
SO 1	Rechteck	1,000	1,000							-1,000				
Summe:					**2**					**-1,000**	**-2,000**			--
TR 1	Rechteck	1,010	5,400							-5,454				
Summe:					**1**					**-5,454**	**-5,454**			**-5,454**
Gesamtsumme:										Boden:	331,610	**331,610**	**327,267**	
										Decke:	391,093			**385,639**

Abb. 2.16: Ergebnisliste Grundfläche

Ermittlung der Wände

Im Wandmodul werden die Wände ebenweise ermittelt. Es wird unterschieden zwischen Innenwänden und Außenwänden. Jede Wandart erhält eine eigene Ordnungsnummer. Wände mit gleicher Ordnungsnummer werden fortlaufend durchnummeriert.

Folgende Parameter werden berücksichtigt:

- Innenwand oder Außenwand,
- Wandmaterial,
- Wandstärke,
- Weiterbehandlung für den ein- oder zweiseitigen Innenausbau (eine Aufzugsschachtwand wird in der Regel später nur von einer Seite behandelt).

Ändert sich lediglich ein Parameter, so wird eine neue Ordnungsnummer vergeben.

In der Dokumentation wird jede Wand farbig gekennzeichnet. Jede Wand wird mit ihrer Ordnungsnummer beschriftet. Dies ermöglicht die visuelle Prüfung der Mengenermittlung. Eine nicht farbig gekennzeichnete Wand wurde nicht erfasst. Innentüren werden im Zuge der Wandeingabe miterfasst. Die Fensteröffnungen werden über ein eigenes Fenstermodul eingegeben und den entsprechenden Außenwänden zugeordnet. Die Software berechnet die Abzugsflächen von Fensteröffnungen für den Roh- und Ausbau automatisch VOB-konform. Die Methode ermöglicht eine einfache Kontrolle der Mengenermittlung über die Ergebnislisten aufgrund eindeutiger Ordnungsnummern und farbiger Dokumentation (siehe Abb. 2.17 bis 2.19).

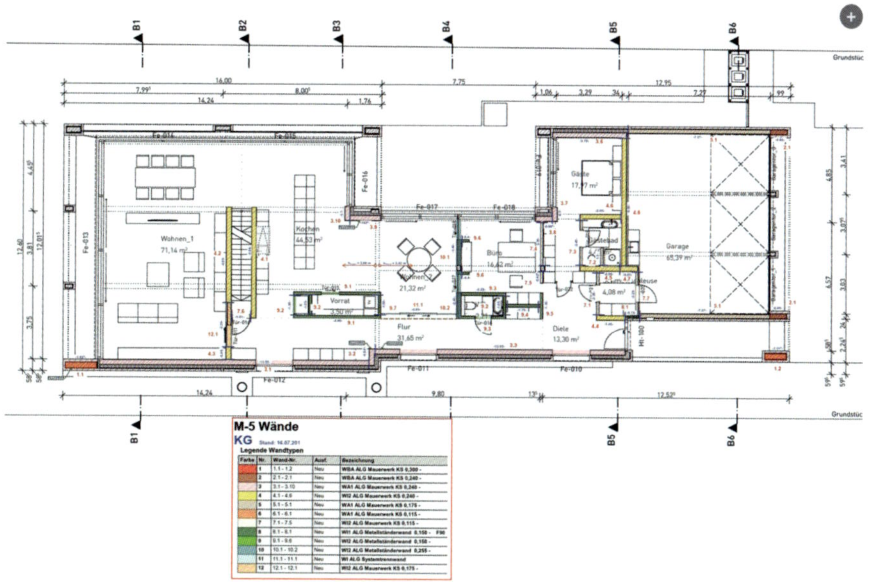

Abb. 2.17: MMS-Dokumentation Wände

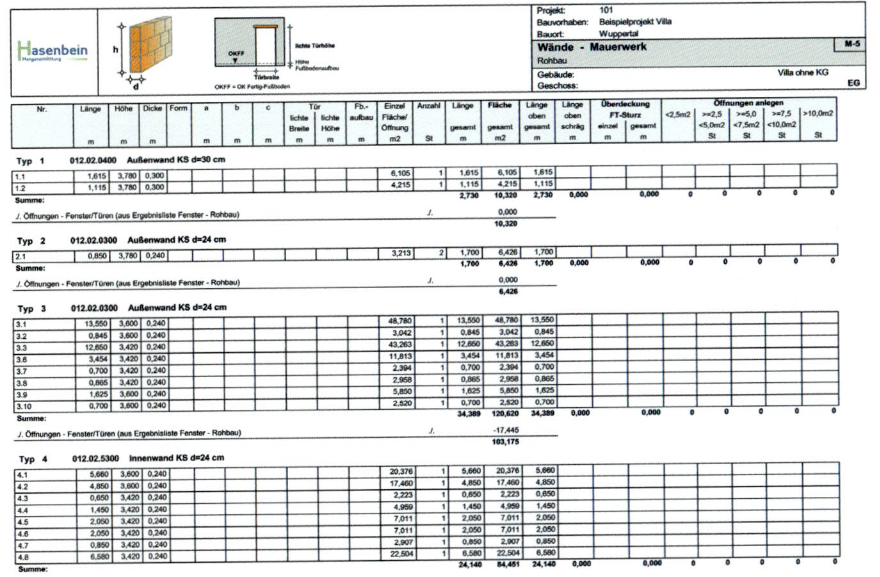

Projekt:	101
Bauvorhaben:	Beispielprojekt Villa
Bauort:	Wuppertal
Wände - Mauerwerk	**M-5**
Rohbau	
Gebäude:	Villa ohne KG
Geschoss:	EG

Nr.	Länge m	Höhe m	Dicke m	Form	a m	b m	c m	Tür lichte Breite m	Tür lichte Höhe m	Fb.-aufbau m	Einzel Fläche/Öffnung m2	Anzahl St	Länge gesamt m	Fläche gesamt m2	Länge oben gesamt m	Länge oben schräg m	Überdeckung FT-Sturz einzel m	Überdeckung FT-Sturz gesamt m	Öffnungen anlegen <2,5m2	>=2,5 <5,0m2 St	>=5,0 <7,5m2 St	>=7,5 <10,0m2 St	>10,0m2 St
Typ 1	**012.02.0400**	**Außenwand KS d=30 cm**																					
1.1	1,615	3,780	0,300								6,105	1	1,615	6,105	1,615								
1.2	1,115	3,780	0,300								4,215	1	1,115	4,215	1,115								
Summe:													**2,730**	**10,320**	**2,730**	**0,000**		**0,000**	**0**	**0**	**0**	**0**	**0**
./. Öffnungen - Fenster/Türen (aus Ergebnisliste Fenster - Rohbau)												./.		0,000									
														10,320									
Typ 2	**012.02.0300**	**Außenwand KS d=24 cm**																					
2.1	0,850	3,780	0,240								3,213	2	1,700	6,426	1,700								
Summe:													**1,700**	**6,426**	**1,700**	**0,000**		**0,000**	**0**	**0**	**0**	**0**	**0**
./. Öffnungen - Fenster/Türen (aus Ergebnisliste Fenster - Rohbau)												./.		0,000									
														6,426									
Typ 3	**012.02.0300**	**Außenwand KS d=24 cm**																					
3.1	13,550	3,600	0,240								48,780	1	13,550	48,780	13,550								
3.2	0,845	3,600	0,240								3,042	1	0,845	3,042	0,845								
3.3	12,650	3,420	0,240								43,263	1	12,650	43,263	12,650								
3.6	3,454	3,420	0,240								11,813	1	3,454	11,813	3,454								
3.7	0,700	3,420	0,240								2,394	1	0,700	2,394	0,700								
3.8	0,865	3,420	0,240								2,958	1	0,865	2,958	0,865								
3.9	1,625	3,600	0,240								5,850	1	1,625	5,850	1,625								
3.10	0,700	3,600	0,240								2,520	1	0,700	2,520	0,700								
Summe:													**34,389**	**120,620**	**34,389**	**0,000**		**0,000**	**0**	**0**	**0**	**0**	**0**
./. Öffnungen - Fenster/Türen (aus Ergebnisliste Fenster - Rohbau)												./.		-17,445									
														103,175									
Typ 4	**012.02.5300**	**Innenwand KS d=24 cm**																					
4.1	5,660	3,600	0,240								20,376	1	5,660	20,376	5,660								
4.2	4,850	3,600	0,240								17,460	1	4,850	17,460	4,850								
4.3	0,650	3,420	0,240								2,223	1	0,650	2,223	0,650								
4.4	1,450	3,420	0,240								4,959	1	1,450	4,959	1,450								
4.5	2,050	3,420	0,240								7,011	1	2,050	7,011	2,050								
4.6	2,050	3,420	0,240								7,011	1	2,050	7,011	2,050								
4.7	0,850	3,420	0,240								2,907	1	0,850	2,907	0,850								
4.8	6,580	3,420	0,240								22,504	1	6,580	22,504	6,580								
Summe:													**24,140**	**84,451**	**24,140**	**0,000**		**0,000**	**0**	**0**	**0**	**0**	**0**

Abb. 2.18: Auszug Ergebnisliste Wände EG, Teil 1

Hasenbein

Projekt: 101
Bauvorhaben: Beispielprojekt Villa
Bauort: Wuppertal

Wände - Mauerwerk M-5
Rohbau

Gebäude: Villa ohne KG
Geschoss: EG

Nr.	Länge	Höhe	Dicke	Form	a	b	c	Tür lichte Breite	Tür lichte Höhe	Fb.-aufbau	Einzel Fläche/ Öffnung	Anzahl	Länge gesamt	Fläche gesamt	Länge oben gesamt	Länge oben schräg	Überdeckung FT-Sturz einzel	Überdeckung FT-Sturz gesamt	Öffnungen anlegen <2,5m2	>=2,5 <5,0m2	>=5,0 <7,5m2	>=7,5 <10,0m2	>10,0m2
	m	m	m		m	m	m	m	m	m	m2	St	m	m2	m	m	m	m		St	St	St	St
Typ 5	**012.02.0200**	**Außenwand KS d=17,5 cm**																					
5.1	7,270	3,420	0,175								24,863	2	14,540	49,727	14,540								
Summe:													**14,540**	**49,727**	**14,540**	**0,000**		**0,000**	**0**	**0**	**0**	**0**	**0**
./. Öffnungen - Fenster/Türen (aus Ergebnisliste Fenster - Rohbau)												./.		0,000									
														49,727									
Typ 7	**012.02.5100**	**Innenwand KS d=11,5 cm**																					
7.1	2,260	3,420	0,115								7,729	1	2,260	7,729	2,260								
VOB 7.1.1			0,115					0,885	2,935	0,250	-2,819	1		-2,819			1,135	1,135		1			
7.2	1,000	3,420	0,115								3,420	1	1,000	3,420	1,000								
7.3	2,400	3,420	0,115								8,208	1	2,400	8,208	2,400								
VOB 7.3.1			0,115					0,885	2,260	0,250	-2,221	1		---			1,135	1,135	1				
7.4	2,300	3,420	0,115								7,866	1	2,300	7,866	2,300								
7.5	0,625	3,420	0,115								2,138	1	0,625	2,138	0,625								
7.6	1,010	3,600	0,115								3,636	1	1,010	3,636	1,010								
VOB 7.6.1			0,115					0,905	2,935	0,250	-2,882	1		-2,882			1,155	1,155		1			
7.7	2,260	3,420	0,115								7,729	1	2,260	7,729	2,260								
VOB 7.7.1			0,115					0,885	3,030	0,250	-2,903	1		-2,903			1,135	1,135		1			
Summe:													**11,855**	**32,122**	**11,855**	**0,000**		**4,560**	**1**	**3**	**0**	**0**	**0**
Typ 12	**012.02.5200**	**Innenwand KS d=17,5 cm**																					
12.1	2,300	3,600	0,175								8,280	1	2,300	8,280	2,300								
VOB 12.1.1			0,175					1,150	2,100	0,250	-2,703	1		-2,703			1,400	1,400		1			
Summe:													**2,300**	**5,577**	**2,300**	**0,000**		**1,400**	**0**	**1**	**0**	**0**	**0**
Gesamtsumme:													**91,654**	**291,798**	**91,654**	**0,000**		**5,960**	**1**	**4**	**0**	**0**	**0**

Abb. 2.19: Auszug Ergebnisliste Wände EG, Teil 2

Innenausbau – Raumbücher

Raumbücher beschreiben den Ausbaustandard eines bestimmten Raumes oder einer Raumgruppe, z. B. Flure, Bäder oder Küchen. Nach erfolgter Eingabe sämtlicher Wände und Grundflächen sind nahezu 100 % aller Roh- und Ausbaumassen ermittelt. Die Mengen für die Boden- und Deckenflächen ergeben sich aus den ermittelten Grundflächen abzüglich der Aufstandsflächen der Wände (= 100 % aller Bodenuntergründe und Bodenoberflächen bzw. der Decken). Aufgrund der Unterscheidung von Innen- und Außenwänden sowie der Angabe der ein- oder zweiseitigen Weiterbehandlung für den Innenausbau liegen die Standardmengen für Wanduntergrund (z. B. Gipsputz) und Wandoberfläche (z. B. Anstrich) zu 100 % vor. Die 100 % der Mengen für den Ausbau werden mit einem Ausbaustandard belegt (siehe Checklisten). Es werden nur vom Standard abweichende Räume gesondert ermittelt. Der Standard ergibt sich aus 100 % der Mengen minus besondere Räume. Auswirkungen von Fehlern (nicht berücksichtigte besondere Räume) werden minimiert, da der Standard grundsätzlich ermittelt ist. Der Fehler liegt lediglich in der Differenz zwischen Standard und der besonderen Ausstattung.

Hinweis

Systematik der Raumbücher:

Standard (100 %) – besondere Räume = Rest
Rest + besondere Räume = 100 %

Weitere Module für Dach, Fassade, Fenster usw. vervollständigen die Mengenermittlung.

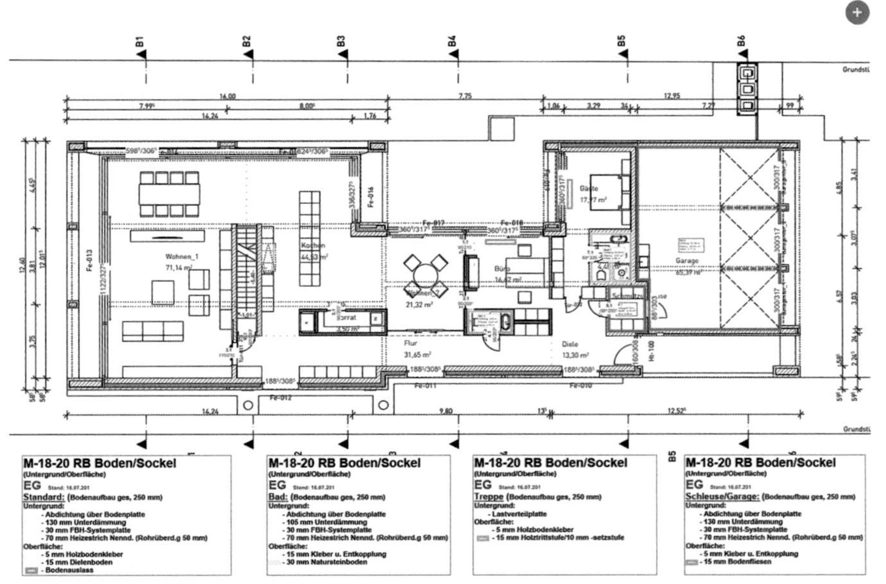

Abb. 2.20: MMS-Dokumentation Boden Oberfläche EG

2.8 Exkurs: Building Information Management

2.8.1 Begriffsdefinition

Der Begriff Building Information Modeling (BIM) ist trotz der erst seit Kurzem erfolgenden Entwicklung nicht neu. Bereits in den 1970er-Jahren existierten erste Forschungen zum Aufbau und Einsatz virtueller Gebäudemodelle (Borrmann et al., 2015). Bekannt wurde BIM aber erst durch die Verwendung des Begriffs von Autodesk in einem White-Paper im Jahr 2003 (Borrmann et al., 2016).

Dennoch existiert keine einheitliche Definition des BIM-Begriffs. Die Vielzahl der vorliegenden diversen Auslegungen und Interpretationen dieses Begriffs sind auf die unterschiedlichen Blickwinkel der Akteure – vom Planer über die ausführenden Unternehmen bis zum Lösungsanbieter – zurückzuführen (von Both/Koch/Kindsvater, 2015). Mit erweitertem Kenntnisstand und ersten praktischen Erfahrungen stellt sich BIM als ein neu definierter Prozess dar, also eine andere Art der Abhandlung von Abläufen und Arbeitsvorgängen zur Durchführung eines Bauvorhabens, der koordiniert werden muss. Ziel ist es, diesen Prozess effizient zu gestalten. Die effiziente Planung, Erstellung und Bewirtschaftung eines Bauvorhabens erfordern eine kollaborative Arbeit aller Beteiligten und damit auch eine zentrale und digitale Ablage aller dem Bauvorhaben zugehörigen Informationen.

Viele der sonstigen Definitionen sind Folgerungen oder Hilfsmittel für diesen Prozess. So ist es zum Beispiel ohne ein

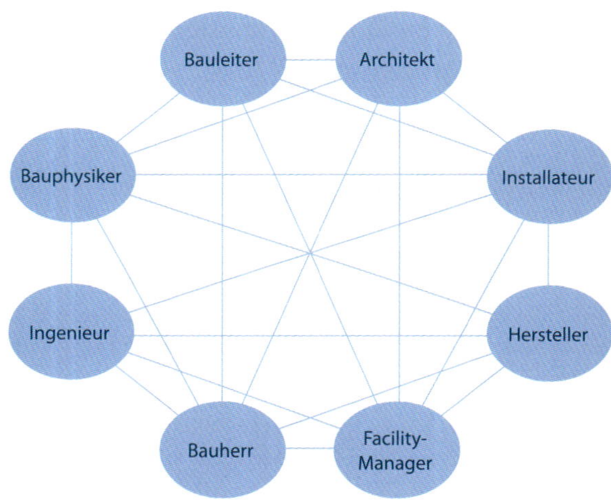

Abb. 2.21: Planungsvorgehen bei einem üblichen Datenaustausch über 2-D-Pläne

3-D-Modell mit hinterlegten Informationen nur schwer möglich, eine kollaborative Arbeit verschiedener Fachabteilungen effizient zu koordinieren. Ebenfalls erlaubt es die Maschinenlesbarkeit des Modells, ein einmal erstelltes Modell für verschiedene Planungsbereiche am Gebäude effizient wiederzuverwenden. Daher handelt es sich bei BIM nicht ausschließlich um eine 3-D-Modellierung, sondern eher um ein Prozessmanagement. Aus diesem Grund wird der Begriff BIM auch als Building Information Management verstanden.

Ein wesentlicher Unterschied der BIM-Methode zu der üblichen Methode der Objektplanung und -erstellung liegt in

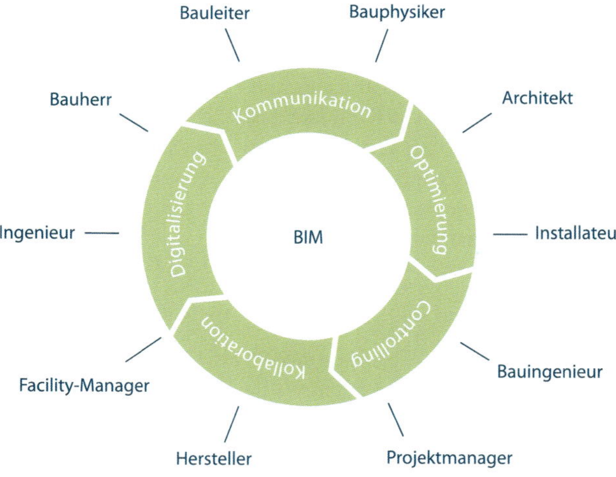

Abb. 2.22: Planungsvorgehen bei einer BIM-Struktur

der Zentralisierung der Daten. Abb. 2.21 zeigt eine typische Kommunikationsstruktur zwischen Projektbeteiligten bei herkömmlicher Planungsweise. Über E-Mails oder Telefonate werden schriftlich und bilateral Informationen ausgetauscht und weitergegeben, verbleiben aber meist zunächst nur bei den beteiligten Personen. Die BIM-Methode besitzt den Vorteil, dass die notwendigen Informationen an einer zentralen Stelle liegen (siehe Abb. 2.22). Sind diese Daten netzwerkbasiert auf einem Server abgespeichert, sind sie für alle Zugangsberechtigten von jedem Standort auf der Welt mit Internetzugang abrufbar und zugänglich.

2.8.2 BIM-Arbeitsweise

Ziel von BIM ist es, den Prozess der Planung, Erstellung und Bewirtschaftung zu optimieren und effizient zu gestalten. Mithilfe eines 3-D-Modells, in dem zusätzlich zu den geometrischen Kennwerten weitere Informationen wie z. B. Qualitäten, Kosten- und Zeitplanungswerte hinterlegt werden können, sind mit diesen semantischen Daten effiziente rechnergestützte Weiterverarbeitungen möglich.

Beispiel

Anhand des Architekturmodells als 3-D-Modell inkl. semantischer Informationen (BIM-Modell) besteht für den TGA-Planer z. B. die Möglichkeit, eine rechnergestützte Heiz- und Kühllastberechnung durchzuführen.

Zudem ermöglicht ein solches Modell eine schnelle und effiziente gemeinsame kollaborative Arbeit verschiedener Fachbereiche mit tagesaktuellen Datenständen. Des Weiteren sind die Informationen mit dem Modell verknüpft und müssen nicht aus der Vielzahl an Informationsträgern (Plänen, Erläuterungsberichten, Fachplanungen usw.) extrahiert werden.

Da architektonische und fachplanerische Vorgänge heutzutage fast ausschließlich in digitaler Form am Computer in fachspezifischen Anwendungsprogrammen durchgeführt werden, werden die Informationen und Daten zu dem Bauvorhaben auch in digitaler Form benötigt. Ein Wertverlust der Informationen entsteht, wenn z. B. das architektonische Modell in Papierform an die Projektbeteiligten übergeben wird. Da diese

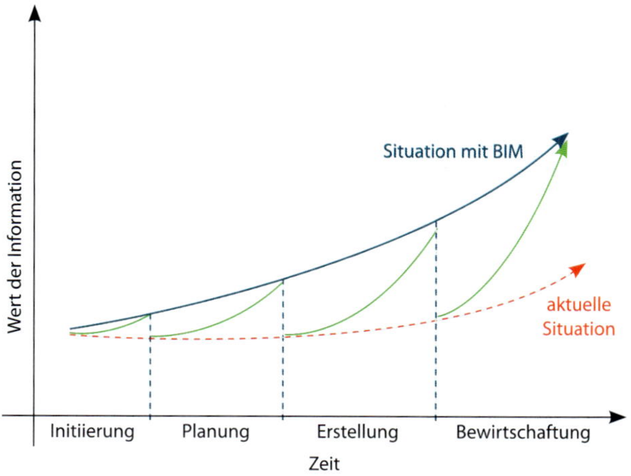

Abb. 2.23: Phasenbezogene Datenverluste

die Daten meist ebenfalls in digitaler Form benötigen, müssen sie die Informationen der Papierpläne in ihre fachspezifischen Anwendungsprogramme einfügen. Der Wert der Informationen geht verloren, da die Projektbeteiligten sich diese quasi selbst erarbeiten mussten. Dies gilt je nach Art der Weiterverarbeitung der Daten auch für digitale PDF-Pläne.

Bei einer Übergabe der Daten in digitaler Form sind diese bei entsprechendem Dateiformat (Industry-Foundation-Classes[IFC]-Format) mit geringem Aufwand in die fachspezifischen Anwendungsprogramme einlesbar. Abb. 2.23 zeigt den Zusammenhang zwischen dem Datenverlust bei nicht digital weiterverwendbaren Daten und der gedachten Variante, in der die Daten problemlos von Projektbeteiligten weitergenutzt werden können, in der blauen und der rot gestrichelten Kurve. Die grünen Linien zeigen die Erarbeitung und Anhäufung der notwendigen Daten innerhalb eines spezifischen Bearbeitungszeitraums, der aufgrund der nicht digitalen Übergabe dieser Daten wieder abfällt.

Für den Datenaustausch und die Weitergabe von Modellen hat sich inzwischen das IFC-Dateiformat etabliert. Dieses Open-Source-Format ist in vielen namenhaften Programmen verwendbar und ermöglicht über Programme und über Softwarehersteller hinweg den Austausch von Daten und Modellen.

Sein Vorteil besteht darin, dass die notwendigen Daten zur Bearbeitung der eigenen Aufgaben digital eingelesen werden können und nicht erst aufwendig von Hand in die verwendeten Softwareprogramme eingegeben werden müssen. Dies minimiert den Aufwand und die Falscheingabe von Daten ist ausgeschlossen.

Hinweis

Das problemlose Einlesen von Modelldaten erfordert sowohl in dem Programm zur Erstellung des Modells als auch in dem Programm zu dessen Weiterverwendung eine Schnittstelle für den IFC-Datenaustausch. Die wichtigste Aufgabe der Softwarehersteller besteht diesbezüglich darin, bei einer weitreichenden BIM-Implementierung diesen Austausch über das IFC-Dateiformat ohne Komplikationen und Datenverluste zu ermöglichen.

2.8.3 Bedeutung der BIM-gerechten Modellierung

Von Bedeutung für das Verständnis des BIM-Gedankens ist die Art der ausgetauschten Daten. Bei der BIM-Methode geht es nicht darum, den Prozess der Planung ausschließlich zu digitalisieren. Digitale PDF-Pläne und DWG-Dateien werden seit Langem in der Bauindustrie verwendet. Diesen digitalen Plänen können zwar auch z. B. Informationen zu Material oder Längen entnommen werden, doch hierbei handelt es sich weiterhin um einen Ausschnitt aus der Planung, der nicht zwangsläufig dem aktuellen Planungsstand entspricht oder der anderen Planungsunterlagen widersprechen kann.

Da heutzutage ein Großteil der Planer die architektonische Planung in einem 3-D-Modell vornimmt, ist es effizienter und zielführender, den Projektbeteiligten Zugang zu der gesamten Planung zu gewähren. Für diese Weitergabe der Daten und deren effektive Weiternutzung musste jedoch die Modellierung solcher Modelle geändert werden.

So entwickelten sich in den letzten Jahren die Softwareprogramme von einem strichzeichnenden 2-D-Modellierer zu objektorientierten Modellierprogrammen mit dreidimensionaler Darstellung. Es werden nicht mehr nur rein geometrische Modelle mithilfe von Linien oder Kreisen dargestellt, sondern das Modell wird BIM-gerecht mithilfe von Objekten mit Parametern und zusätzlichen Informationen über die geometrische Abbildung hinaus dargestellt.

Beispiel

Bei einer objektorientierten Modellierung wird beispielsweise das Objekt Wand verwendet, das zum einen die geometrischen und optischen Parameter zur reinen Darstellung im Modell enthält. Zum anderen kann das Objekt mithilfe der hinterlegten Parameter noch Informationen zum Schichtenaufbau, zur Wärmeleitfähigkeit, zu Schallschutzwerten usw. enthalten. Ebenfalls wird bei dem Einfügen eines Fensters in eine Wand eine Beziehung zwischen diesen beiden Objekten hergestellt, sodass eine automatische Ausgabe möglich ist, welches Fenster in welcher Wand vorhanden ist und wie groß z. B. die Laibungsflächen sind.

Für die Nutzung dieser Vorteile der BIM-Methode ist damit eine konsequente „BIM-gerechte" Modellierung eine unabdingbare Voraussetzung (Warkotsch, 2017, S. 8–9).

2.8.4 Vor- und Nachteile einer automatisierten Mengen- und Kostenermittlung

Im Zuge einer wissenschaftlichen Arbeit in Zusammenarbeit der Technischen Universität Dortmund und der Ruhr-Universität Bochum wurde anhand eines Beispielprojektes eine Mengen- und Kostenermittlung händisch sowie rechnergestützt und automatisiert durchgeführt und verglichen.

Dazu wurden beispielhaft mit der Hasenbeinmethode die Mengen des Bauvorhabens händisch anhand von 2-D-Plänen ermittelt. Zum Vergleich wurde das Revit-Plug-in DBD-BIM zur automatisierten Mengenermittlung verwendet.

Das Plug-in bietet den Vorteil, bestimmte Bauteile spezifisch zu gestalten. So kann einer im Modell monolithisch dargestellten Wand auch ein Wärmedämm-Verbundsystem (WDVS) auf der Außenseite und ein Innenputz sowie eine Farbbeschichtung auf der Innenseite zugewiesen werden. Diese Informationen werden automatisch der Wand in ihrem Schichtenaufbau hinterlegt und können von anderen Projektbeteiligten im Modell ausgelesen werden. Lediglich die Optik des Modells ändert sich nicht, trotz des WDVS wird die Wand als monolithische Außenwand dargestellt. Durch diese Möglichkeit lassen sich aber schnelle Variantenvergleiche durchführen. Auch in Bezug auf die Kosten wichtige Merkmale, die zur Modellierung allein für die Mengenermittlung zu aufwendig und unverhältnismäßig wären, lassen sich so einfach mit in die Mengenermittlung aufnehmen.

Grundsätzlich hat der Vergleich der beiden Methoden ergeben, dass zum heutigen Zeitpunkt die vorhandenen Softwareprogramme eine teilautomatisierte Mengen- und Kostenermittlung ermöglichen und diese auch als praxistauglich angesehen wird. In vielen Bereichen stimmten die ermittelten Mengen überein. Hier liegt jedoch auch die größte Fehleranfälligkeit bei der automatisierten Mengenermittlung.

Ein Nachteil bei der rechnergestützten Methode wird in der schlechteren Nachvollziehbarkeit gesehen. Im Vergleich zur Hasenbeinmethode existiert stets eine gewisse Unsicherheit über die generierten Daten bezüglich der Mengen. Während bei der Hasenbeinmethode ein Architekt oder Ingenieur korrekt die Längen und Massen nachweislich erfasst, besteht bei der rechnergestützten Methode immer die Möglichkeit, dass das Programm für die definierte Menge den falschen Wert aus dem Modell abgreift. So ist es bei der Wandoberfläche ein Unterschied, ob die Länge der Wand in der Wandachse, auf der Innen- oder auf der Außenseite abgegriffen wird. Die erfassten Mengen können zwar gut im Modell nachgeprüft werden, allerdings würde im Regelfall nur strichprobenartig überprüft werden; somit bleibt eine nicht einschätzbare Unsicherheit der ermittelten Daten und Mengen.

Praxistipp

Bei einer Nutzung in der Praxis ist es zu empfehlen, mögliche Schwerpunkte der Fehleranfälligkeit der automatisierten Mengenermittlung in einer Testphase festzustellen und dort die Fehlerursache zu ermitteln. Gibt es z. B. Bauteile, bei denen vermehrt größere Unterschiede zwischen der händischen und der automatisierten Mengenermittlung auftreten? Solche Informationen sind hilfreich für die Fehlersuche und die Behebung möglicher falscher Einstellungen oder auch Programmierfehler. Ziel dieser Fehlersuche ist es, in Zukunft auf die zusätzliche händische Mengenermittlung verzichten zu können.

Ein relevanter Aspekt, der sich bei der Bearbeitung des Beispielprojektes ergeben hat, ist die notwendige klare Definition der Aufgabenstellung am Anfang der Planung. Zu Beginn der Modellerstellung muss klar sein, auf welche Art die Mengen ermittelt werden sollen. Dementsprechend muss das Modell modelliert werden, damit eine reibungslose, effiziente und automatisierte Ermittlung erfolgen kann.

Hinweis

Sind z. B. die Außenwände als durchgehendes Bauteil von der Bodenplatte bis zum Dach modelliert, sind nicht ohne Weiteres unterschiedlichen Wandinnenbeläge für die verschiedenen Räume definierbar. Eine Änderung des Modells nach Erstellung ist aufwendig und die erstrebenswerte rechnergestützte Mengenermittlung wäre nur mit deutlich erhöhtem Aufwand realisierbar.

Die Bearbeitung mit einer klaren Aufgabenstellung ist auch in anderen Bereichen der BIM-Methodik erforderlich. Zu Beginn der Planung muss klar sein, was mit dem Modell bezweckt wird und für welche Berechnungen und Ermittlungen es genutzt werden soll. Daran angelehnt müssen Anforderungen entwickelt werden, die das Modell für eine effiziente Weiterverwendung erfüllen muss. Für diese Klarstellungen haben sich inzwischen der BIM-Abwicklungsplan (BAP) und die Auftraggeber-Informationsanforderungen (AIA) etabliert. Diese sollten bei einer BIM-Abwicklung des Projektes noch vor dem Planungsbeginn besprochen, definiert und beschlossen werden.

Praxistipp

Schon heute gibt es BIM-Methoden, die auch vereinzelt eingesetzt zu einer Effizienzsteigerung und Aufwandsreduktion führen. Hierbei empfiehlt es sich, BIM-Methoden für den eigenen Bereich vorerst als zusätzlichen Aufwand an realen Projekten, aber nur bürointern, zu testen. Bei erfolgreicher Anwendung kann diese Methode dann die bisherige händische Variante ersetzen.

3 Fortschreiben der Baukostenermittlung

Die Baukostenermittlung wird aus 4 Gründen fortgeschrieben:

- Die Bauplanung wird geändert, ergänzt oder präzisiert.
- Der Stand der Baukostenermittlung entspricht nicht dem Stand der Planung.
- Die Nachvollziehbarkeit (Transparenz) der Baukostenermittlung schwindet.
- Die Baukostenermittlung liegt der Kostensteuerung zugrunde.

Die DIN 276 sieht zwischen der Entwurfsphase und der Vorbereitung zur Vergabe keine weiteren Schritte der Kostenermittlung vor.

Praxistipp

Für eine funktionierende Kostensteuerung sollten zwischen Kostenberechnung und Kostenvoranschlag jedoch eine weitere Stufe der Kostenermittlung durchgeführt werden: die Kostenvorgabe zur Budgetbildung als Kurztext-LV.

Tabelle 3.1: Chronologische Gliederung der einzelnen Kostenermittlungsschritte

Schritt Nr.	Kostenermittlungsschritte	Gliederung
1	Kostenrahmen	Kostengliederung nach KG
2	Kostenschätzung	Kostenaufstellung nach KG mit Elementen
3	Kostenberechnung	Gewerkeschätzung
3 a	Kostenvorgabe	Budgetbildung, LV-Kostenvorgaben
4	Kostenvoranschlag	Schätzpreis-LV
5	Kostenanschlag	auf Basis der Angebote
6	Kostenfeststellung	Zusammenstellung der tatsächlichen Kosten

Dokumentation der Fortschreibung

Beim Fortschreiben der Baukostenermittlung sind sämtliche Änderungen zu dokumentieren (Abb. 3.1). Sie müssen nachvollziehbar und dem Verursacher zuzuordnen sein.

FORTSCHREIBUNG DER BAUKOSTENERMITTLUNG

Fortlaufende Nr.: ☐
Datum: ☐

Projekt: ____________________

Fortschreibung auf Basis der Kostenberechnung vom: ____________

Die Kostenberechnung zum o.a. Stand hat sich geändert. Es sind folgende Leistungsbereiche bzw. Kostengruppen betroffen:

☐ Leistungsbereich: ____________________
☐ Kostengruppe: ____________________

1. Änderungsgrund

☐ Mengenänderung ☐ Qualitäten ☐ Entwurf ☐ Behördliche Auflagen

Texterläuterung

2. Auswirkung der Änderung auf die berechneten Kosten

☐ Mehrung
☐ Minderung

USt. enthalten ☐ Ja
☐ Nein

EURO ☐

3. Verursacher

Die Änderung der berechneten Kosten wird verursacht durch:

☐ Bauherr / AG
☐ Behörde
☐ Planer: ____________
☐ Sonstige: ____________

4. Genehmigung Eine Entscheidung ist erforderlich bis zum: ....

Einer Änderung der Baukostenermittlung wird zugestimmt ☐ ja ☐ Nein

Eine Entscheidung erfolgt bis zum ____________

Die Kostenplanung erfolgte durch: Freigabe/Genehmigung:

Datum, Name Kostenplaner Datum, Name Bauherr/AG

Abb. 3.1: Fortschreibung der Baukostenermittlung

Bei der Verwendung des Formblattes „Fortschreibung der Baukostenermittlung“ sind 8 Punkte zu beachten:

- Es muss eine fortlaufende Nummerierung eingehalten werden.
- Änderungen sind zu benennen und textlich zu erläutern.
- Die Kosten sind den entsprechenden KG zuzuordnen.
- Monetäre Änderungen sind der Höhe nach klar zu benennen.
- Es ist anzugeben, ob die Baunebenkosten (KG 700) betroffen sind.
- Der Verursacher ist zu benennen.
- Das Formblatt ist dem Bauherrn zur Freigabe zu übermitteln.
- Es ist anzugeben, bis wann die Änderungsmeldung vom Bauherrn freizugeben ist.

Praxistipp

Nicht jeder Bauherr kennt die zeitlichen Zusammenhänge von Planungsabläufen. Insbesondere der zeitliche Vorlauf für Planungsänderungen wird von Bauherren häufig unterschätzt. Der Bauherr muss der Fortschreibung der Baukostenermittlung zustimmen oder diese ablehnen. Die Konsequenzen einer Ablehnung sind dem Bauherrn zu erläutern.

Zeitpunkt der Fortschreibung der Baukostenermittlung

Die Baukostenermittlung wird fortgeschrieben nach Vorliegen

- der Vorplanung,
- der Entwurfsplanung,
- der Genehmigungsplanung,
- der Ausführungs- und Detailplanung,
- der LV,
- der Angebote.

Sie wird ebenfalls fortgeschrieben

- nach der Vergabe der Bauleistungen und
- baubegleitend bis zur Fertigstellung.

Die Baukostenermittlung ist in der Regel ein fester Bestandteil der jeweiligen Planungsphase. Die Fortschreibung der Baukosten erfolgt immer zum Abschluss der entsprechenden Planungsphase. Sie liegt der Entscheidung über die Weiterführung der Planung zugrunde.

Praxistipp

Die Baukostenermittlung ist planungsbegleitend fortzuschreiben. Nur dann sind Kontrolle und Steuerung der Baukosten möglich.

Nach DIN 276 ist die Baukostenermittlung eine Grundleistung. Darüber hinausgehende Ermittlungsstufen gelten als Besondere Leistung, deren Honorar frei vereinbart werden kann.

Praxistipp

Die Baukostenermittlung im Zuge der Genehmigungsplanung und insbesondere die Baukostensteuerung sind Besondere Leistungen. Sie sind gesondert zu vergüten.

3.1 Ausführungsplanung

Die Kostenermittlung nach DIN 276 erfordert eine detaillierte Mengenermittlung. Die bauteilbezogene Kostenberechnung ist auf eine leistungsbereichsbezogene umzustellen. Eine Aufstellung von Kostenvorgaben ist erforderlich.

Wurde die bisherige Kostenermittlung als Besondere Leistung (annähernd auf Positionsebene) erstellt, ist die Mengenermittlung analog zur Planung fortzuschreiben und Kostenvorgaben sind aufzustellen.

Praxistipp

Spätestens mit der Ausführungsplanung ist die Baukostenermittlung nach den einzelnen Leistungsbereichen zu gliedern.

So können ausführungsorientierte Budgets (= Kostenvorgaben) gebildet werden.

Wechselbeziehung zwischen Planung und Kostenermittlung

In der Ausführungsplanung wird z. B. eine Detaillösung entwickelt. In der Kostenberechnung ist dieses Detail dem Grunde nach als abstrakter Wert abgebildet. Der Kostenwert gibt die Grenzen vor, innerhalb derer sich die Detailplanung bewegen soll.

Weicht die Detaillösung von dem vorgegebenen Kostenwert ab, ist steuernd einzugreifen und es erfolgt

- eine Änderung der Detaillösung,
- ein Ausgleich an anderer Stelle (Budgetverschiebung),
- eine Budgeterhöhung.

Durch das enge Zusammenspiel von Planung und Kostenberechnung ist eine aktive Kostensteuerung möglich. Fehlt diese, ist lediglich eine Kostenkontrolle zum Abschluss der jeweiligen Planungsphasen durchführbar. Werden Erkenntnisse aus der Kostenkontrolle in eine Kostensteuerung überführt, begrenzen sie deren Möglichkeiten.

Praxistipp

Es ist Aufgabe der Kostensteuerung, die Planung zu hinterfragen und bei den Planern Kostensensibilität zu entwickeln. Zu diesem Zweck ist die Kostenberechnung immer auf dem aktuellen Stand zu halten.

Dokumentation und Bewertung von Planänderungen

Sind Planänderungen oder Planfortschreibungen kostenrelevant, werden Anpassungen der Baukostenermittlung notwendig. Änderungen sind zu dokumentieren und zu bewerten, damit ermittelt werden kann, ob sie kostenrelevant sind. Die Dokumentation erfolgt über Planänderungslisten. Liegt Kostenrelevanz vor, ist eine Kostenänderungsmeldung durchzuführen (siehe Abb. 3.2).

Aufwand für den Planer und praktische Umsetzung

Mengenermittlung

Mit der in Kapitel 2 vorgestellten MMS werden bei der Ausführungsplanung sämtliche Roh- und Ausbaumengen ermittelt. Sofern eine Mengenermittlung aus der Entwurfsphase vorliegt, wird sie auf den Planungsstand angepasst.

Nr.	Art der Änderung	kostenrelevant	
		ja	nein
9	Befestigungsmittel Geländer aus Edelstahl	x	
10	Änderung Attikaabdeckung, vertikaler Überstand	x	
11	Trennwand versetzt		x
12	Forderung aus Brandschutz übernommen	x	
13	Dachentwässerung präzisiert		x

Abb. 3.2: Fortschreibung der Baukostenermittlung

Vorziehen von Leistungen

Bestandteile der LPH 6 Vorbereitung der Vergabe werden in LPH 5 Ausführungsplanung bereits erbracht.

Dieser „Mehraufwand" wird zu großen Teilen in der späteren LPH wieder eingespart.

Berücksichtigung kritischer Gewerke

Bauweisen oder die Verwendung von Materialien, für die noch keine Erfahrungswerte existieren, sollten vorab ausgeschrieben und am Markt abgefragt werden. Auch für kritische Gewerke empfiehlt sich die Kostenrecherche zur Erzielung einer hohen Kostensicherheit.

Beispiel

Für ein Bürogebäude sollen große Teile der Fassade als Pfosten-Riegel-Konstruktion ausgeführt werden. Es werden besonders hohe Ansprüche an den Wärme- und Schallschutz gestellt. Die Geometrie des Gebäudes erfordert die Ausführung von Sonderkonstruktionen. Aufgrund des hohen Wertes und der großen Fläche der Fassade bildet dieses Bauteil eine entscheidende Kostengröße. Große Abweichungen von der Kostenberechnung können die Durchführbarkeit des gesamten Projektes gefährden. Die Fassade ist im Zuge der Ausführungsplanung auszuschreiben, damit im Falle einer Budgetüberschreitung steuernd eingegriffen werden kann (wie z. B. durch die Änderung von Qualitäten).

Kostenberechnung mit Leitpositionen als Alternative

Bei der Kostenberechnung nach Leitpositionen wird davon ausgegangen, dass 80 % der Baukosten von 20 % der Leistungspositionen (den sog. Leitpositionen) verursacht werden.

Das Verfahren nach Leitpositionen wird in 2 Schritten durchgeführt:

- Es werden nur die Kosten der Leitpositionen ermittelt und zusammengefasst.
- Die restlichen Positionen werden über einen Zuschlag erfasst.

Hinweis

Diese Methode ist nur anzuwenden, wenn im Vorfeld nach DIN 276 gearbeitet wurde. Wurde in den vorherigen Projektphasen bereits eine genauere Methode der Baukostenermittlung gewählt, ist die Kostenbetrachtung nach Leitpositionen nicht sinnvoll, da sie generell ungenauer ist.

3.2 Ausschreibung und Vergabe

Der Ablauf der LPH erfolgt im Sinne des § 34 HOAI in Folge, also linear, und im praktischen Arbeitsablauf überschneidend, d. h. parallel.

Im Planungsbüro werden ab LPH 4 Genehmigungsplanung Leistungen aus der LPH 5 Ausführungsplanung und LPH 6 Vorbereitung der Vergabe parallel erbracht. Während der LPH 8 Objektüberwachung werden noch Leistungen aus LPH 5 und LPH 6 erstellt.

Für den praktischen Arbeitsablauf im Sinne einer funktionierenden Kostensteuerung ist es wichtig, eine genaue, gewerkespezifische Kostenberechnung durchzuführen und den überwiegenden Teil der LV vor Baubeginn fertigzustellen.

In LPH 6 macht sich der Mehrwert der zuvor erstellten und planungsbegleitend fortgeschriebenen Mengen- und Kostenermittlungen deutlich bemerkbar.

Abb. 3.3 zeigt, wie der zeitliche Aufwand für die Erstellung der LV aufgeteilt werden kann.

Abb. 3.3: Zeitaufwand für die Erstellung von LV

> **Praxistipp**
>
> Die Fortschreibung einer detaillierten Mengenermittlung über die einzelnen Planungsphasen generiert eine Zeitersparnis von ca. 50 % bei der LV-Erstellung.

Die fertigen LV sind mit marktüblichen EP zu versehen, damit ein Schätzpreis-LV erstellt werden kann. Noch nicht erstellte LV werden für die Kostenberechnung durch die vorliegenden Kurztext-LV der Mengenermittlung ersetzt.

Nur so kann ein genauer Überblick über die zu erwartenden Ausschreibungsergebnisse erzielt werden. Falls notwendig, können jetzt noch Steuerungsmaßnahmen ergriffen werden.

> **Praxistipp**
>
> Es sind immer 100 % der Baukosten abzubilden. Noch nicht fertiggestellte LV werden durch Kurztext-LV aus der Mengenermittlung ersetzt.

Vergleich von Budget und Schätzpreis-LV

Mit Fertigstellung der LV werden die vorliegenden Budgets (Kostenvorgaben) mit den Schätzpreis-LV (Kostenvoranschlag) verglichen.

Die LV geben den Stand der Planung in Bezug auf die Quantitäten und Qualitäten sehr genau wieder. Mögliche Abweichungen zwischen der Kostenvorgabe und den Schätzpreis-LV werden deutlich.

Liegen größere Abweichungen vor, sind 5 Schritte durchzuführen:

- Ermittlung der Ursachen,
- Dokumentation der Abweichung,
- Begründung der Abweichung,
- Zuordnung der Abweichung zu einem Verursacher,
- Treffen der Entscheidung über eine Budgetänderung oder
- alternativ Änderung der Planung zur Einhaltung des Budgets.

Hinweis

Der Kostenvoranschlag der Schätzpreis-LV ist ein Bestandteil des Kostenanschlags nach DIN 276. Der Kostenanschlag dient der Entscheidung über die Vergabe und die Ausführung.

Der Zeitpunkt des Kostenanschlags ist in der DIN 276 nicht exakt definiert. Der Kostenanschlag kann vielmehr fortlaufend aufgestellt werden.

Das entspricht insoweit der Praxis, als die LV in der Regel nacheinander versendet werden und die Angebote sukzessive eintreffen. Der Kostenanschlag ist fortlaufend zu aktualisieren.

Hinweis

Die Aufstellung des Kostenanschlags ist ein dynamischer Prozess, der bis zur Baufertigstellung reicht. Somit ist der Kostenanschlag auch ein Instrument der fortlaufenden Kostenkontrolle und Kostensteuerung.

Die Aufstellung des Kostenanschlags erstreckt sich bis zur Baufertigstellung. In ihn fließen die Ergebnisse der geprüften Angebote, die verhandelten Nachlässe (sofern Verhandlungen zulässig sind), die Auftragssummen und die während der Ausführung angefallenen Nachträge ein.

Der Kostenanschlag muss immer in Bezug zu den Kostenvorgaben stehen. Zur Pflege und Darstellung empfiehlt sich eine einfach gehaltene Tabellendarstellung (siehe Tabelle 3.1). Eine Aktualisierung des Kostenanschlags ist in regelmäßigen Abständen dem Bauherrn zu übergeben.

Die Spalte „Kostendeckung“ in Tabelle 3.2 zeigt die absolute Differenz zum Budget an. Negative Zahlen stellen eine Überschreitung, positive eine Unterschreitung des Budgets dar. Es werden Kosten der KG 300 bis 700 erfasst. Auf die Darstellung der Grundstückskosten kann im Einzelfall verzichtet werden.

Tabelle 3.2: Fortlaufender Kostenanschlag für das Beispielprojekt Villa (Stand 07.07.2019)

LB	Gewerk	Budget (€)	LV-Schätzpreis (€)	günstigster Bieter (€)	Vergabe (€)
000	Sicherheitseinrichtungen	37.575,00	36.780,00	–	–
010	Gerüstbau	19.450,00	20.100,00	21.150,00	21.000,00
020	Erdarbeiten	15.400,00	15.550,00	15.300,00	15.300,00
090	Grundleitungen	47.601,20	46.350,00	44.475,00	44.750,00
120	Rohbau	339.754,50	338.100,00	350.800,00	339.000,00
140	Natursteinarbeiten	49.875,70	50.000,00	–	–
210	Dachabdichtungsarbeiten	129.750,50	129.000,00	132.750,00	130.000,00
230	Putzarbeiten (I-Putz)	21.790,00	21.900,00	–	–
240	Fliesenarbeiten	9.458,00	9.500,00	–	–
250	Estricharbeiten	12.732,00	11.400,00	–	–
260	Fenster, Türen	254.653,00	256.400,00	255.450,00	245.000,00
270	Tischlerarbeiten	104.365,00	105.000,00	–	–
280	Parkettarbeiten	88.456,00	86.300,00	–	–
310	Metallbauarbeiten	47.754,60	45.450,00	–	–
340	Malerarbeiten	36.400,00	36.400,00	–	–
380	vorgehängte Fassade	17.845,00	19.500,00	–	–

Skonto (€)	Bieter	Nachträge (€)	Abrechnung (€)	Kosten-deckung (€)	Kosten-deckung (%)
–	–	–	–	795,00	2,12
420,00	Gerüstmax GmbH	1.250,00	10.500,00	–2.800,00	–14,40
229,50	Ga-La-Bau Röhrig	–	–	100,00	0,65
–	Hoffmann Bau	–	5.000,00	2.851,20	5,99
–	Betonbau Meister	–	–	754,50	0,22
–	–	–	–	–124,30	–0,25
2.600,00	Dachdeckermeister Müller	–	–	–249,50	–0,19
–	–	–	–	–110,00	–0,50
–	–	–	–	–42,00	–0,44
–	–	–	–	1.332,00	10,46
–	Are-Fenster	–	–	9.653,00	3,79
–	–	–	–	–635,00	–0,61
–	–	–	–	2.156,00	2,44
–	–	–	–	2.304,60	4,83
–	–	–	–	0,00	0,00
–	–	–	–	–1.655,00	–9,27

Fortsetzung Tabelle 3.2

LB	Gewerk	Budget (€)	LV-Schätz-preis (€)	günstigster Bieter (€)	Vergabe (€)
390	Trockenbau	75.784,00	75.820,00	–	–
	Summe KG 300	**1.308.644,50**	**1.303.550,00**	**819.925,00**	**795.050,00**
420	Sanitär, Heizung	135.789,00	136.780,00	–	–
440	Elektroinstallation	178.254,00	175.500,00	–	–
446	Blitzschutz	2.700,00	3.000,00	–	–
	Summe KG 400	**316.743,00**	**315.280,00**	**0,00**	**0,00**
	Projektsteuerung	8.500,00	–	–	8.500,00
	Architektur und Freianlagen	125.000,00	–	–	122.500,00
	Tragwerksplanung	36.780,00	–	–	36.780,00
	technische Gebäudeausrüstung (TGA)	38.750,00	–	–	38.750,00
	Gutachten und Beratung	14.000,00	–	–	14.000,00
	Gebühren	21.000,00	–	–	21.000,00
	Summe KG 700	**244.030,00**	**0,00**	**0,00**	**241.530,00**
	Summe KG 300 + 400	**1.625.387,50**	**1.618.830,00**	**819.925,00**	**795.050,00**
	MwSt. 19 %	308.823,63	307.577,70	155.785,75	151.059,50
	Summe inkl. MwSt.	**1.934.211,13**	**1.926.407,70**	**975.710,75**	**946.109,50**

Skonto (€)	Bieter	Nachträge (€)	Abrechnung (€)	Kosten-deckung (€)	Kosten-deckung (%)
–	–	–	–	–36,00	–0,05
3.249,50	**–**	**1.250,00**	**15.500,00**	**19.946,30**	**1,52**
–	–	–	–	–991,00	–0,73
–	–	–	–	2.754,00	1,54
–	–	–	–	–300,00	–11,11
0,00	**-**	**0,00**	**0,00**	**2.754,00**	**0,87**
–	IBKS	–	–	0,00	0,00
–	hillekamp+weber	–	–	2.500,00	2,00
–	Winter Baustatik	–	–	0,00	0,00
–	TGA-Master GmbH	–	–	0,00	0,00
–	Diverse	–	–	0,00	0,00
–	–	–	7.500,00	0,00	0,00
0,00	**–**	**0,00**	**7.500,00**	**2.500,00**	**1,02**
3.249,50	**–**	**1.250,00**	**15.500,00**	**22.700,30**	**1,40**
617,41	–	237,50	2.945,00	4.313,06	–
3.866,91	**–**	**1.487,50**	**18.445,00**	**27.013,36**	**1,40**

Ausführungs- oder KG-orientierte Gliederung der Baukostenermittlung

Die DIN 276 fordert im Abschnitt 4.3.4 „Kostenberechnung" die Gliederung der Gesamtkosten nach KG, eine Gliederungstiefe bis zur dritten Ebene der Kostengliederung und in Abschnitt 4.3.5 „Kostenvoranschlag" auch die Zuordnung der Kosten nach Vergabeeinheiten.

Die Baukostenermittlung wurde in dem Beispielprojekt schon ab der Entwurfsphase ausführungsorientiert aufgestellt, im Fall der Besonderen Leistung schon ab der Vorentwurfsphase. Die Gliederung nach KG ist im Sinne einer durchgängigen Vergleichbarkeit beizubehalten. Bei der Verwendung von AVA-Programmen kann die Gliederung nach KG und nach Gewerken weitgehend automatisiert werden.

Praxistipp

Bei der gewerkeweisen Ermittlung der Baukosten sollten die einzelnen Kostenpositionen immer der entsprechenden KG zugeordnet werden. Auch bei der Erstellung der LV sind die einzelnen Leistungspositionen den entsprechenden KG zuzuordnen. Eine Auswertung nach KG und nach Leistungsbereichen ist so jederzeit möglich.

Nur wenn die Gliederung nach KG parallel zur ausführungsorientierten Gliederung beibehalten wird, ist eine durchgängige Darstellung des Kostenverlaufs möglich.

3.3 Bauausführung

In der Phase der Bauausführung ist die Beeinflussbarkeit der Baukosten verhältnismäßig gering. Die Verträge mit den ausführenden Firmen liegen vor und die Preise sind vertraglich fixiert.

Hinweis

Die Kostenkontrolle während der Bauausführung ist gem. § 34 HOAI eine Grundleistung.

Die Kostenkontrolle ergibt sich aus der Rechnungsprüfung und erstreckt sich über die Phase der Bauausführung. Sie hat gem. § 34 HOAI durch eine Überprüfung der Leistungsabrechnung der bauausführenden Unternehmen zu erfolgen. Sie resultiert aus dem Vergleich der Vertragspreise mit dem Kostenanschlag

Nach HOAI soll eine fortlaufende Überwachung durch einen Soll-Ist-Vergleich stattfinden. Der Bauherr soll Eingriffs- und Korrekturmöglichkeiten, also die Möglichkeit der Baukostensteuerung, erhalten.

Die HOAI setzt jedoch den idealisierten, linearen Planungsablauf voraus. Tatsächlich werden sich die einzelnen Planungsphasen überschneiden, sodass weitere Aufgaben für den Baukostenplaner entstehen. Dieser dynamische Prozess erfordert z. B. eine kontinuierliche Fortschreibung der Baukostenermittlung.

Praxistipp

Bei Verwendung und entsprechendem Fortschreiben der Tabelle 3.1 wird die Forderung der HOAI nach einer laufenden Kostenkontrolle bereits erfüllt.

Planungsänderung und -fortschreibung

Bei Planungsänderungen sind die daraus resultierenden Mehr- oder Minderkosten zu ermitteln und dem Verursacher zuzuordnen.

Im Falle von Mehrkosten sollten mögliche Einsparpotenziale aufgezeigt werden. Sofern Einsparungen nicht möglich sind, ist eine Budgeterhöhung beim Bauherrn anzumelden. Der Bauherr trägt die Entscheidung der Umsetzung.

Im Falle von Minderkosten werden diese dem Ausgleichstopf zugeführt, damit Kostenerhöhungen an anderer Stelle ausgeglichen werden können.

Mengenänderungen

Trotz sorgfältiger Mengenermittlung kann es zu Mengenänderungen bei der Abrechnung gegenüber der Ausschreibung kommen. Insbesondere bei Gewerken wie Erdarbeiten oder bei Sanierungsarbeiten kommen Mengenänderungen häufig vor.

Hinweis: Besonderheit beim VOB-Vertrag

Kommt es bei einer Leistungsposition zu einer Mengenänderung, die nicht auf eine Planänderung zurückzuführen ist, ist zunächst zu prüfen, ob eine Mengenmehrung oder -minderung von mehr oder weniger als 10 % gegenüber der ausgeschriebenen Menge vorliegt.

Weicht die ausgeschriebene von der tatsächlichen Menge um mehr als 10 % ab, so ist gem. VOB/B § 2 Nr. 3 auf Verlangen ein neuer EP unter Berücksichtigung der Mehr- und Minderkosten zu vereinbaren, und zwar bei **Überschreitungen** nur für die über 10 % hinausgehende Überschreitung des Mengenansatzes.

Bei einer über 10 % hinausgehenden **Unterschreitung** ist ein neuer EP für die gesamte, tatsächlich ausgeführte Leistung zu vereinbaren, sofern der Auftragnehmer keinen Ausgleich durch Erhöhung anderer Positionen oder in anderer Weise erhält.

4 Nachträge

Während der Bauausführung kommt es regelmäßig zu Nachträgen. Ein Nachtrag resultiert immer aus einer Leistungsabweichung. Bei einem VOB-Vertrag wird die Vergütung des Nachtrages in § 2 VOB/B geregelt.

Es wird grundsätzlich zwischen 3 Arten der Leistungsabweichung unterschieden:

- Mengenabweichung,
- Leistungsmodifikation,
- Bauzeitverzögerung.

Jede Leistungsabweichung ist einer dieser Abweichungsarten zuzuordnen. Im Folgenden werden die Abweichungsarten Mengenabweichung und Leistungsmodifikation betrachtet. Bauzeitverzögerungen werden in diesem Buch nicht behandelt, da dieses komplexe Thema ein eigenes Fachgebiet darstellt.

4.1 Nachträge erkennen

In der Baupraxis werden Nachtragsforderungen regelmäßig vom Auftragnehmer ausgehen. Stellt der Auftragnehmer einen Nachtrag, sind 3 Schritte auszuführen:

- Feststellung des Bau-Solls durch Prüfung von
  - Vergabe- und Verhandlungsprotokollen,
  - Baubeschreibung/Vorbemerkungen,
  - LV,
  - Plänen/Zeichnungen,
  - sonstigen relevanten Unterlagen;
- Feststellung des Bau-Ists durch Ermittlung
  - der konkret auszuführenden oder ausgeführten Leistung,
  - der erforderlichen Leistung;
- Feststellung der Abweichung zwischen Bau-Ist und Bau-Soll als Differenz zwischen vertraglich geschuldeter und tatsächlich notwendiger Leistung.

Bei einer Abweichung vom Bau-Soll ist zunächst die Art der Leistungsabweichung einzuordnen. Die Art der Abweichung bestimmt – bei einem VOB-Vertrag – maßgeblich die Vergütung.

Liegt keine Abweichung vom Bau-Soll vor, ist der Nachtrag dem Grunde nach zurückzuweisen.

4.1.1 Mengenabweichung

Die Vergütung wird gem. § 2 Nr. 2 VOB/B nach den vertraglichen EP und den tatsächlich ausgeführten Mengen berechnet.

Eine Mengenabweichung liegt immer dann vor, wenn andere Mengen ausgeführt werden als vertraglich vereinbart. Es ist irrelevant, ob es sich um eine Mengenminderung oder eine Mengenmehrung handelt.

§ 2 Nr. 3 VOB/B unterscheidet 4 Fälle von Mengenabweichungen.

- Fall 1 Mengenabweichung von nicht mehr als 10 % (§ 2 Nr. 3 Abs. 1): Es gilt der vertragliche EP.
- Fall 2 Mengenüberschreitung von mehr als 10 % (§ 2 Nr. 3 Abs. 2): Für die über 10 % hinausgehende Menge ist auf Verlangen ein neuer Preis unter Berücksichtigung der Mehr- und Minderkosten zu vereinbaren. Für Mengen bis 110 % gilt der vertragliche EP. Die Leistung ist demnach mit 2 verschiedenen EP abzurechnen.
- Fall 3 Mengenunterschreitungen von mehr als 10 % (§ 2 Nr. 3 Abs. 3): Auf Verlangen ist für die gesamte, tatsächlich ausgeführte Menge der EP zu erhöhen, sofern kein Ausgleich durch Mengenerhöhungen bei anderen Ordnungszahlen vorliegt oder ein Ausgleich in anderer Weise erfolgt. Die Erhöhung des EPs berechnet sich im Wesentlichen aus dem Mehrbetrag, der sich durch die Verteilung der Baustelleneinrichtungskosten und der Baustellengemeinkosten (BGK) auf die verminderte Menge ergibt.
- Fall 4 Änderung der Pauschalsumme im Rahmen des EP-Vertrages (§ 2 Nr. 3 Abs. 4): Dies gilt für eine Pauschalsumme, die in Abhängigkeit von Leistungen steht, für die ein EP vereinbart wurde. Ändern sich diese EP, so kann eine Änderung der Pauschalsumme gefordert werden. Dieser Sachverhalt wird bereits durch die Absätze 2 und 3 des § 2 Nr. 3 VOB/B erfasst. Insofern ist der Absatz 4 überflüssig.

Auch bei Vorliegen eines Pauschalfestpreisvertrages (häufig auf Basis einer pauschalierten Ausschreibung mit Einzelpositionen) werden in der Baupraxis Mehrvergütungen gefordert. Dabei handelt es sich um Mengenabweichungen von mehr als 10 %. Ist die Mengenmehrung jedoch zufällig und nicht ursächlich durch eine Änderung der Planung begründet, bleibt die Pauschalsumme unberührt. § 2 Nr. 3 Abs. 7 VOB/B sieht eine Änderung nur vor, wenn das Festhalten an der Pauschalsumme unzumutbar ist (siehe auch § 313 BGB Störung der Geschäftsgrundlage). Ab wann die Grenze der Unzumutbarkeit überschritten wird, ist im Einzelfall zu prüfen. In der Praxis wird oft die 20%-Grenze zugrunde gelegt.

Praxistipp

§ 2 Nr. 3 VOB/B findet nur dann Anwendung, wenn sich die Mengen ohne Eingriff der Parteien geändert haben. In der Regel ist das bei einer fehlerhaften Mengenermittlung der Fall.

Der Verursacher einer Baupreiserhöhung infolge von Mengenänderungen ist in der Regel der ausschreibende Planer. Eine Ausnahme existiert, wenn die auszuschreibenden Mengen nicht genau ermittelt werden konnten und überschlägig angenommen werden mussten.

Beispiel

Bei Ausschreibungen von Erdarbeiten werden Angaben zu einzelnen Bodenklassen häufig erst im Zuge der Ausführung bekannt. In der Praxis müssen für die Mengenermittlung also Annahmen getroffen werden.

Wird eine vertraglich vereinbarte Leistungsposition nicht ausgeführt, handelt es sich keinesfalls um eine Mengenänderung auf 0 %, sondern um eine freie Kündigung mit entsprechendem Vergütungsanspruch (Keldungs, 2007).

Im Werkvertragsrecht des BGB (§§ 631 ff.) wird die Mengenänderung nicht erwähnt.

4.1.2 Leistungsmodifikation

Mengenänderungen durch das Eingreifen der Parteien sind Leistungsmodifikationen.

Wegfall von Leistungen aufgrund von Selbstvornahme (§ 2 Nr. 4, § 8 Abs. 1 Nr. 2 VOB/B, § 649 BGB)

Entfallen Leistungspositionen komplett, entspricht das einer Teilkündigung. Dem Auftragnehmer steht die Vergütung unter Anrechnung der ersparten Aufwendungen zu. Die Regelungen der VOB/B und des BGB lauten hierzu annähernd gleich.

Leistungsänderung (§ 1 Nr. 3 und § 2 Nr. 5 VOB/B)

Der AG ist grundsätzlich berechtigt, den Bauentwurf zu ändern. Im Falle der Änderung des Bauentwurfs oder anderer Anordnungen des AGs, die die Grundlage des Preises der vereinbarten Leistung ändern, ist ein neuer Preis unter Berücksichtigung der Mehr- und Minderkosten zu vereinbaren.

Zusätzliche Leistungen (§ 1 Nr. 4 und § 2 Nr. 6 VOB/B)

Werden zusätzliche Leistungen beauftragt, die im Bauvertrag noch nicht erfasst wurden, aber zur Ausführung der vertraglichen Leistung erforderlich werden, hat der Auftragnehmer Anspruch auf besondere Vergütung. Die Vergütung hat sich an den Grundlagen für die vertragliche Leistung und den besonderen Kosten der geforderten Leistung zu orientieren. Leistungen, die nicht zur Ausführung der vertraglichen Leistung erforderlich sind, können nur mit Zustimmung des Auftragnehmers beauftragt werden. Der Preis ist neu zu kalkulieren.

Ausführung nicht beauftragter Leistungen (§ 2 Nr. 8 VOB/B)

Als Grundregel gilt: Es erfolgt keine Vergütung für Leistungen ohne Anordnung (§ 2 Nr. 8 Abs. 1 VOB/B).

Hiervon gibt es 3 Ausnahmen.

- Die nicht beauftragten Leistungen werden vergütet, wenn der AG sie nachträglich anerkennt (§ 2 Nr. 8 Abs. 2 Satz 1 VOB/B).
- Die nicht beauftragten Leistungen werden vergütet, wenn sie zur Vertragserfüllung notwendig waren, dem mutmaßlichen Willen des AGs entsprachen und der Auftragnehmer dem AG die Leistungen unverzüglich angezeigt hat (§ 2 Nr. 8 Abs. 2 Satz 2 VOB/B).
- Eine Vergütung erfolgt im Falle der Geschäftsführung ohne Auftrag (§§ 677 ff. BGB). Im Gegensatz zu § 2 Nr. 8 Abs. 2 Satz 2 VOB/B entfällt bei der gesetzlichen Regelung die strenge formale Anspruchsvoraussetzung der unverzüglichen Anzeige.

Ausführung nicht beauftragter Leistungen beim BGB-Bauvertrag

Die Vergütung für nicht beauftragte Leistungen wird in den §§ 677 ff. BGB geregelt. Hiernach steht dem Auftragnehmer immer die eingetretene Ersparnis in Höhe der sog. Sowiesokosten als Vergütungsanspruch zu.

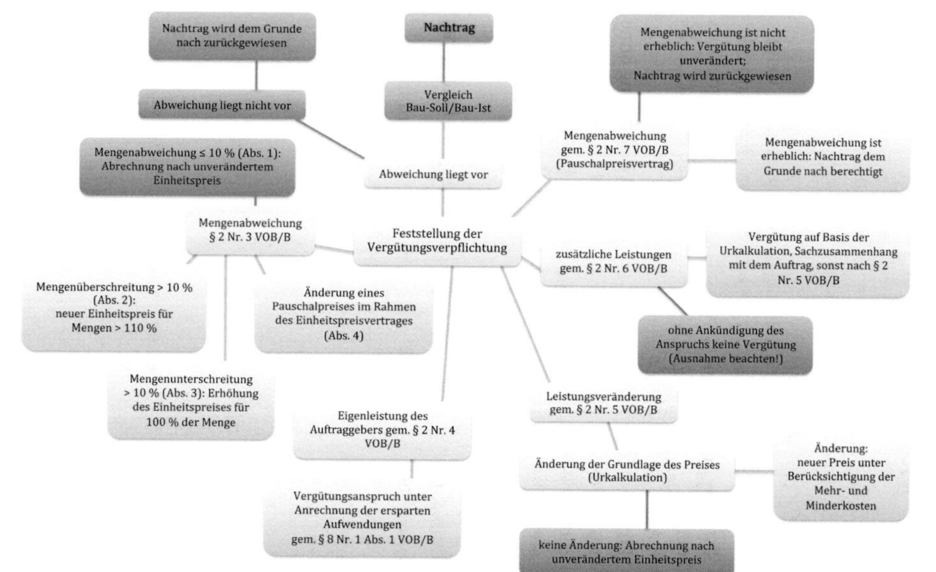

Abb. 4.1: Schematischer Ablauf einer Nachtragsprüfung

4.2 Nachtragsberechnung

Der eingereichte Nachtrag wird dem Grunde nach geprüft (vgl. Abb. 4.1). Wird eine Vergütungspflicht festgestellt, ist der Nachtrag der Höhe nach zu prüfen und es folgt eine Nachtragsberechnung.

4.2.1 Nachträge bei Mengenabweichungen gem. § 2 Nr. 3 VOB/B

Gemäß den VOB/B-Regelungen ist die Überprüfung einer Mengenabweichung für jede einzelne Teilleistung, also Position, vorzunehmen. Dabei ist es unerheblich, in welchem Umfang sich die Gesamtleistung geändert hat.

Bei einer festgestellten Mengenabweichung von weniger als 10 % erfolgt für die betroffene Teilleistung keine weitere Prüfung. Die Gesamtmenge wird nach den vereinbarten EP abgerechnet.

Hinweis

Bei Mengenänderungen unter 10 % wird der Preis nicht angepasst (§ 2 Nr. 3 Abs. 1 VOB/B).

Ergibt die Prüfung eine Mengenabweichung von 10 % oder mehr, muss zunächst eine Preisanpassung verlangt werden. Sowohl der AG als auch der Auftragnehmer kann diese verlangen.

Hinweis

Voraussetzung einer Preisanpassung ist das entsprechende Verlangen einer Partei. Ansonsten bleibt der EP unverändert.

Wird eine Preisanpassung verlangt, so ist zunächst zu prüfen, ob es sich bei der Mengenänderung ausschließlich um Mengenminderungen oder Mengenmehrungen handelt. Bei Abweichungen in lediglich eine Richtung ist für jede betroffene Position eine Preisanpassung durchzuführen. Liegen sowohl Mengenminderungen als auch Mengenmehrungen vor, ist eine Ausgleichsberechnung durchzuführen.

Praxistipp

Eine Preisanpassung oder Ausgleichsberechnung kann immer erst nach Fertigstellung der gesamten Bauleistung korrekt durchgeführt werden, da erst dann die tatsächlichen Abrechnungsmengen bekannt sind.

Mengenüberschreitungen von mehr als 10 %

Bei Mengenüberschreitungen von mehr als 10 % werden die ersten 110 % der Abrechnungsmenge mit dem ursprünglichen EP abgerechnet. Nur derjenige Teil, der 110 % übersteigt, ist auf Verlangen mit einem neuen Preis zu vergüten. Dabei sind sowohl Kosteneinsparungen als auch Kostenerhöhungen zu berücksichtigen. Es sind sämtliche Kostenfaktoren einzubeziehen, die Einfluss auf die betroffene Teilleistung haben, sowie diejenigen Positionen, die technisch oder wirtschaftlich von der Mengenüberschreitung betroffen sind.

Beispielhafte Kostenbestandteile bei Mengenüberschreitungen sind folgende:

- BGK,
- umsatzbezogene Gemeinkosten,
- Kosten aus geändertem Bauablauf (Bauablaufstörung),
- Änderung des Bauverfahrens.

Hinweis

Grundlage der Berechnung der Mehr- und Minderkosten ist immer die baubetriebliche Auftragskalkulation, also die Urkalkulation.

Minderkosten können sich bei den mengenunabhängigen Kosten ergeben, weil diese Kosten auf eine größere Menge von Teilleistungen verteilt werden.

Bei Mengenüberschreitungen sind insbesondere die BGK zu betrachten. Der kalkulierte Umlagebetrag der BGK wird durch das Erreichen der vertraglich vereinbarten Mengen bereits gedeckt. Eine Beibehaltung des BGK-Anteils bei Mengenüberschreitungen würde zu einer Überdeckung der auftragnehmerseitigen Schlüsselkosten und somit zu einer Benachteiligung des AGs führen.

> **Praxistipp**
>
> In der Regel werden bei dem Mengenanteil über 110 % die BGK nicht in Ansatz gebracht. Das bedeutet, dass der neue EP keinen BGK-Anteil enthält.

Änderungen der BGK aufgrund von Mengenüberschreitungen sind die Ausnahme. Sie sind ist denkbar, wenn aufgrund der Mengenänderung ein höherer Aufwand für die technische Bearbeitung, Konstruktion und Kontrolle entsteht oder eine Bauzeitverlängerung unvermeidlich ist.

> **Praxistipp**
>
> Für den Mengenanteil über 110 % enthält der neu zu ermittelnde EP in der Regel keinen BGK-Anteil. Anteile für Wagnis und Gewinn (WuG) sowie für die allgemeinen Geschäftskosten (AGK) sind jedoch zu übernehmen.

Umsatzbezogene Gemeinkosten sind

- allgemeine Geschäftskosten (AGK) und
- Anteile für Wagnis und Gewinn (WuG).

Sie sind auch bei Mengenmehrungen von über 10 % zu berücksichtigen.

Bei den Ansätzen AGK und WuG handelt es sich um rein umsatzbezogene Ansätze, die auch bei Mengenmehrungen von über 10 % berücksichtigt werden müssen.

Die AGK entstehen dem Bauunternehmer definitionsgemäß

- aus dem Geschäftsbetrieb als Ganzem,
- im Zusammenhang mit der Aufrechterhaltung des Unternehmens.

Hinweis

Die Ansätze für die AGK und für WuG aus der Urkalkulation sind als prozentualer Anteil in den neuen Preis mit einzurechnen.

Beispiel

Ein Rohbauunternehmer hat gem. LV 2.400 m² KS-MW, *d* = 24 cm, zu errichten. Die Leistung wurde mit 61,53 €/m² beauftragt. Tatsächlich werden 3.000 m² ausgeführt. Es stellt sich heraus, dass ein Fehler in der Mengenermittlung vorliegt. Die Mehrmenge beträgt 25 %; der AG meldet einen Preisanpassungsanspruch an. 110 %, also 2.640 m², sind mit dem vertraglichen EP abzurechnen. Für die restlichen 360 m² ist ein neuer EP zu vereinbaren.

Tabelle 4.1: Urkalkulation zur Erstellung eines Rohbaus

Kostenbestandteile	**Preis (€/m²)**
Einzelkosten der Teilleistungen (EKT)	47,44
BGK	7,50
Herstellkosten (HK)	54,94
Gemeinkosten (AGK, WuG) 12 %	6,59
EP	61,53

Bei der Preisanpassung stellt sich heraus, dass aufgrund der größeren Menge der Einkaufspreis für das Steinmaterial stärker rabattiert wird. Bei den EKT werden 2,00 €/m^2 eingespart. Die BGK erhöhen sich nicht. Tabelle 4.2 enthält die Berechnung des neuen EPs für 360 m^2.

Tabelle 4.2: Berechnung des neuen EPs zur Erstellung eines Rohbaus

Kostenbestandteile	**Preis (€/m²)**
EKT	45,44
BGK	0,00
HK	45,44
Gemeinkosten (AGK, WuG) 12 %	5,45
EP	50,89

Die Vergütung berechnet sich zu:

2.640 $m^2 \cdot$ 61,53 €/m^2 = 162.439,20 €

360 $m^2 \cdot$ 50,89 €/m^2 = 18.320,40 €

Die Gesamtsumme beläuft sich auf 180.759,60 €.

Hätte der AG keine Preisanpassung gefordert, so hätte die Abrechnung 3.000 $m^2 \cdot$ 61,53 €/m^2 = 184.590 € ergeben, also rund 3.800,00 € mehr.

Mengenunterschreitungen von mehr als 10 %

Bei Mengenunterschreitungen von mehr als 10 % steht dem Auftragnehmer auf Verlangen eine Erhöhung des EPs zu, sofern kein Ausgleich durch Erhöhung bei anderen Positionen oder auf eine andere Weise zu erzielen ist.

Die Erhöhung soll sich auf die Baustelleneinrichtungskosten und die BGK sowie die AGK beziehen, bei denen eine Unterdeckung aufgrund der geringeren Menge entstehen würde.

Eine mögliche Minderung des EPs ist hingegen nicht vorgesehen.

Praxistipp

Bei Mengenminderungen von mehr als 10 % ist auf Verlangen der EP für die komplette ausgeführte Leistung zu erhöhen, damit insbesondere eine Unterdeckung bei den AGK und den BGK vermieden wird.

§ 2 Nr. 3 Abs. 3 VOB/B erwähnt die Anpassung der umsatzbezogenen Anteile WuG nicht. Nach Sundermeier (Sundermeier, 2006) ist der kalkulierte Betrag für WuG in vollem Umfang auf die verringerte Ausführungsmenge umzulegen. Begründet wird dies u. a. damit, dass der Bauunternehmer trotz der Mengenunterschreitung uneingeschränkt im gegenständlichen Bauauftrag gebunden ist und somit keine Möglichkeit hat, einen alternativen Erwerb zu generieren.

Beispiel

Ein Rohbauunternehmer hat gem. Leistungsverzeichnis 2.400 m^2 KS-MW, $d = 24$ cm, zu errichten. Die Leistung wurde mit 61,53 €/m^2 beauftragt. Tatsächlich werden 1.800 m^2 ausgeführt. Es stellt sich heraus, dass ein Fehler in der Mengenermittlung vorliegt.

Die Mengenunterschreitung beträgt 25 %. Der Auftragnehmer meldet einen Preisanpassungsanspruch an. Da die Mengenunterschreitung mehr als 10 % beträgt, ist ein neuer EP für die gesamte ausgeführte Menge zu berechnen.

Aus der Urkalkulation (siehe Tabelle 4.1) wird der Betrag der BGK und der AGK sowie für WuG errechnet, der für 600 m^2 erzielt worden wäre:

$600 \text{ m}^2 \cdot (7{,}50 + 6{,}59) \text{ €/m}^2 = 8.454{,}00 \text{ €}.$

Die EKT verändern sich hingegen nicht. Die in den 600 m² enthaltenen 8.454,00 € an BGK, AGK und WuG sind auf die verminderte Menge zu verteilen. Der neue EP errechnet sich zu:

$$61{,}53\ €/m^2 + \frac{8.454{,}00\ €}{1.800{,}00\ m^2} = 66{,}23\ €/m^2$$

Hätte der Auftragnehmer keine Preisanpassung gefordert, so läge eine Unterdeckung für die BGK, AGK und WuG in Höhe von 8.454,00 € vor.

4.2.2 Nachträge bei Eigenleistungen des Auftraggebers gem. § 2 Nr. 4 VOB/B

Dem AG ist es freigestellt, beauftragte Leistungen selbst zu erbringen. Der Umfang ist dabei unerheblich. Die Vergütung des Auftragnehmers richtet sich bei einer Teilkündigung gem. § 2 Nr. 4 VOB/B nach den Bestimmungen des § 8 Nr. 1 Abs. 2 VOB/B.

Der Unterschied zwischen § 2 Nr. 4 und § 8 Nr. 1 VOB/B besteht darin,

- dass im Fall von § 2 Nr. 4 die Leistung durch den AG ausgeführt wird (Eigenvornahme, die immer auch eine Teilkündigung ist), das Leistungsergebnis sich also nicht ändert,
- während nach § 8 Nr. 1 VOB/B die Leistung gänzlich entfallen kann.

Hinweis

Führt der AG Leistungen selber aus, so steht dem Auftragnehmer die vereinbarte Vergütung zu.

Es werden diejenigen Kosten abgezogen,

- die dem Auftragnehmer erspart bleiben oder
- die er durch anderweitige Verwendung seiner Arbeitskraft und seines Betriebes erwerben kann.

Der Nachtrag ist auf der Basis der Urkalkulation nach folgender Systematik zu berechnen.

Abgrenzung der betroffenen Leistung

Die betroffene Leistung an sich und die Leistungen, die durch eine Selbstvornahme betroffen sind, sind zu ermitteln.

Ermittlung der ersparten Kosten

Auf Basis der Urkalkulation ist zu ermitteln, welche Kosten tatsächlich entfallen. Es sind sämtliche Kosten zu berücksichtigen, die mit der entfallenen Leistung kausal zusammenhängen, z. B.

- Lohnkosten,
- Baustoffkosten,
- Gerätekosten,
- Fremdleistungen.

Nicht erspart werden können die

- Baustellengemeinkosten (BGK),
- allgemeine Geschäftskosten (AGK),
- Anteile für Wagnis und Gewinn (WuG).

Hinweis

BGK, AGK sowie WuG sind im Regelfall zu vergüten. Hier entstehen bei einer Selbstvornahme keine Einsparungen.

Nur in Ausnahmefällen, z. B. wenn der Umfang der Selbstvornahme so groß ist, dass sich für den Auftragnehmer die Bauzeit verkürzt, können BGK-Anteile erspart werden.

Beispiel

Der AG führt die ausgeschriebenen 3.000 m^2 KS-MW selber aus. Der Auftragnehmer spart hierbei die Maurerkolonne komplett ein. Die Ersparnis erstreckt sich auf 100 % der EKT. Die BGK und die umsatzbezogenen Gemeinkosten sind jedoch zu vergüten.

Der AG hat für jeden ausgeschriebenen m^2 KS-MW eine Vergütung in Höhe von 14,09 € (dem Anteil für AGK, BGK und WuG) zu bezahlen, also 3.000 $m^2 \cdot 14{,}09/m^2 =$ 42.270,00 €.

Ermittlung des anderweitigen bzw. des böswillig unterlassenen Erwerbs

Hier sind diejenigen Kosten zu ermitteln, die nicht ohnehin schon aufgrund der Selbstvornahme erspart werden können. Hierzu zählen z. B. Kosten für den anderweitigen Einsatz von Personal, die über den Kosten des ursprünglichen Einsatzes liegen, für die vollständige Nichtbeschäftigung der Arbeitskolonne oder für nicht ausgelastete Geräte.

Der anderweitige Erwerb muss kausal mit der durch die Selbstvornahme entfallenden Leistung zusammenhängen. Dies schließt folgende Fälle als anderweitigen Erwerb aus:

- vorgezogene Aufträge, die bereits vor der Selbstvornahme beauftragt waren,
- ein anderweitiger Auftrag, der auch ohne die Selbstvornahme hätte ausgeführt werden können.

Praxistipp

In der Praxis dürfte es äußerst schwierig sein, dem Auftragnehmer einen anderweitigen Erwerb nachzuweisen. Insofern ist auch der böswillig unterlassene Erwerb mit der Intention, dem AG zu schaden, als eher theoretisch einzustufen. Spezialfälle sind jedoch denkbar.

4.2.3 Nachträge aufgrund von Leistungsänderungen gem. § 2 Nr. 5 VOB/B

Eine Leistungsänderung liegt immer dann vor, wenn sich aufgrund der Anordnung des AGs das Leistungssoll ändert. Dies kann Folge sein von:

- einer Planänderung (Änderung des Bauentwurfs) oder
- sonstigen Anordnungen (z. B. Beschleunigung des geplanten Bauablaufes).

Ein neuer EP ist nur dann zu vereinbaren, wenn sich die Grundlage des Preises für eine im Vertrag vorgesehene Leistung ändert. Zu berücksichtigen sind sämtliche Mehr- und Minderkosten, die sich direkt aus der Position ergeben, sowie Kosten, die mit der Position kausal zusammenhängen.

Da eine Voraussetzung für die Bildung eines neuen EPs die Änderung seiner Grundlage ist, kann nur bedingt auf die Urkalkulation zurückgegriffen werden.

Praxistipp

Die Neuberechnung des EPs einer geänderten Leistung hat unter Fortschreibung des Vertragspreisniveaus zu erfolgen. Es kommt folglich nicht auf die Istkosten an, sondern auf das vereinbarte Preisniveau.

Legt der Auftragnehmer einen neuen EP vor, so kann dessen Prüfung der Höhe nach in 4 Schritten erfolgen.

- Bestimmen einer Bezugsposition:
  Es ist eine Bezugsposition der Urkalkulation zu wählen, die der geänderten Leistung möglichst nahekommt.
- Finden von Vergleichswerten:
  Für die Bezugsposition ist eine vergleichbare Position in geeigneten Datensammlungen zu suchen.
- Berechnung des Vertragspreisniveaus:
  Die Bezugsposition wird mit dem Vergleichswert ins Verhältnis gesetzt, woraus sich das Vertragspreisniveau in Bezug auf die gewählte Datensammlung berechnet.
- Vergleich des neuen EPs mit der Datensammlung:
  Es wird eine Position in der Datensammlung gesucht, die der neu zu bepreisenden Position möglichst nahekommt. Diese Vergleichsposition wird mit dem im dritten Schritt berechneten Faktor multipliziert.

Der vom Auftragnehmer angebotene neue EP sollte ungefähr dem Vergleichspreis entsprechen. Die beschriebene Vorgehensweise wird anhand des folgenden Beispiels verdeutlicht.

Beispiel

Geplant wurde die Ausführung eines Außen-MW aus KS (Kalksandstein). Der vertragliche EP beträgt 72,20 €/m². Auf Anordnung des AGs soll das Außen-MW nunmehr aus Hochlochziegeln (HLz) mit einer Wärmeleitfähigkeit von 0,18 W/(m · K) errichtet werden. Für das MW aus HLz ist ein neuer EP zu vereinbaren. Der Unternehmer bietet das neue MW für 79,40 €/m² an.

Der Planer vergleicht den neuen EP zu dessen Prüfung mit einer Datensammlung.

Als Vergleichsposition wird aus den SirAdos-Baudaten (SirAdos-Wohnungsbaupositionen, Stand 07/18) die Position 012.10.230 KS 12-1,4, $d = 24$ cm, AW gewählt.

Der SirAdos-EP liegt bei 67,60 €/m²; somit errechnet sich das Preisniveau zu:

$$\frac{100}{67{,}60\ €/\text{m}^2} \cdot 72{,}20\ €/\text{m}^2 = 107\ \%$$

Der Vergleichspreis für das HLz-Mauerwerk findet sich in der SirAdos-Position 012.08.180 HLz 12-0,8; 0,18 W, AW, $d = 24$ zu 64,90 €/m² (siehe Abb. 4.2).

Unter Berücksichtigung des Preisniveaus des Auftragnehmers sollte der neue EP $64{,}90\ €/\text{m}^2 \cdot 1{,}07 = 69{,}44\ €/\text{m}^2$ betragen.

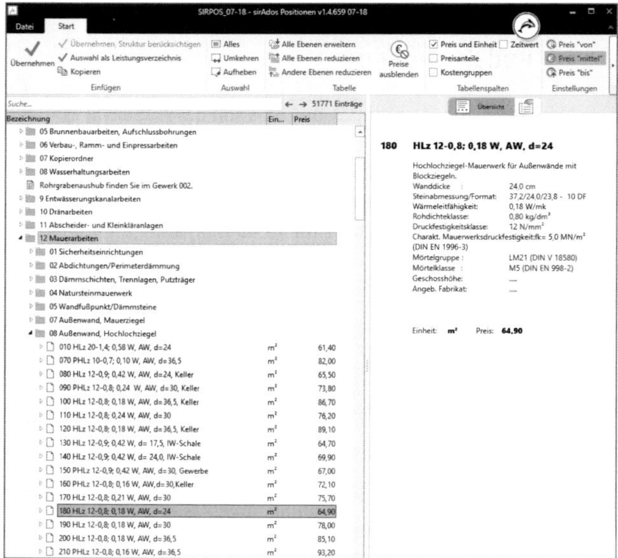

Abb. 4.2: Ausschnitt aus den SirAdos-Baudaten, Stand 07/18

Die Plausibilitätsprüfung ergibt, dass der neue Angebotspreis etwa 14 % über dem zu erwartenden EP liegt.

Der Nachtrag für den neuen EP ist somit der Höhe nach zurückzuweisen. Ein genauerer Kalkulationsnachweis des Auftragnehmers ist zur Prüfung anzufordern.

5 Monetäre Bewertung von Baumängeln und Bauschäden

Bei der Realisierung von Bauvorhaben kommt es wiederholt zum Streit über Baumängel. Der AG kann grundsätzlich ein mangelfreies Werk erwarten. Die Grenzen, ab wann eine Unregelmäßigkeit hinzunehmen ist und ab wann ein nicht mehr zu akzeptierender Mangel vorliegt, verlaufen fließend.

Wenn vorliegende Mängel nicht mehr beseitigt werden können oder sollen oder unberechtigterweise nicht beseitigt werden, so sind diese monetär zu bewerten.

Für die Bewertung von Baumängeln und Bauschäden müssen logisch nachvollziehbare Bewertungsverfahren angewendet werden, da

- das Bewertungsergebnis durch den AG und den Auftragnehmer **prüfbar** und **nachvollziehbar** sein muss,
- bei **vergleichbaren** Mängeln ähnliche Ergebnisse vorliegen sollen,
- die Lösung von allen Beteiligten als **akzeptabel** empfunden werden soll.

5.1 Sachmangel nach VOB und BGB

Bei einem **BGB-Vertrag** wird von Sachmängeln gesprochen. Ein Werk ist nach § 633 Abs. 2 Satz 1 BGB frei von Sachmängeln, wenn es die vereinbarte Beschaffenheit hat. Soweit die Beschaffenheit nicht vereinbart ist, ist das Werk nach § 633 Abs. 2 Satz 2 BGB frei von Sachmängeln,

- wenn es sich entweder für die nach dem Vertrag vorausgesetzte Verwendung, ansonsten
- für die gewöhnliche Verwendung eignet und eine Beschaffenheit aufweist, die bei Werken der gleichen Art üblich ist und die der Besteller/AG nach Art des Werkes erwarten kann.

Bei einem **VOB-Vertrag** muss das Bauwerk nach § 13 Nr. 1 Satz 1 VOB/B zudem den anerkannten Regeln der Technik entsprechen, damit es als mangelfrei gilt.

Baumangel

Ein Baumangel liegt vor, wenn das Bauwerk von der Beschaffenheit abweicht, sich nicht für die vereinbarte oder gewöhnliche Verwendung eignet und die Beschaffenheit nicht dem entspricht, was üblicherweise erwartet werden kann.

Bauschaden

Ein mangelhaftes Werk kann einen Bauschaden, d. h. eine Verschlechterung des Zustands der Bausache, nach sich ziehen, führt jedoch nicht zwangsläufig hierzu. Bauschäden, die nicht zwingend die Folge eines Mangels sind, sind z. B. Sturmschäden oder Rohrbruch.

Maßgeblicher Zeitpunkt

Ein Werk muss nach BGB und VOB/B zum Zeitpunkt der Abnahme frei von Sachmängeln sein. Der VOB-Vertrag besitzt nach § 4 Nr. 7 VOB/B 3 Besonderheiten:

- Mangelhafte Leistungen können schon während der Ausführung gerügt werden.
- Hat der Auftragnehmer den Mangel zu vertreten, so hat er auch den daraus entstehenden Schaden zu ersetzen.
- Dem Auftragnehmer kann nach § 8 Nr. 3 VOB/B der Auftrag nach Fristsetzung entzogen werden, wenn er den Mangel nicht beseitigt.

Hinweis

Vor der Abnahme hat der AG den Anspruch auf ein mangelfreies Werk.

Mit der Abnahme geht das Risiko der Verschlechterung oder des Verlustes der Bauleistung infolge eines Mangels auf den AG über.

Nach der Abnahme muss der AG den Mangel beweisen (Beweislastumkehr). Einer etwaigen Mangelbeseitigung wird die Verhältnismäßigkeit gegenübergestellt. Unter Umständen steht dem AG nach § 13 Nr. 6 VOB/B bzw. § 635 Abs. 3 BGB nur noch eine Minderung zu.

5.2 Bewertung von Baumängeln

Hinweis

Ein Mangel ist die Abweichung vom Sollzustand. Die Abweichung wird durch einen Soll-Ist-Vergleich ermittelt.

Behauptet der AG einen Mangel, so ist die Werkleistung zu überprüfen. Es sind 3 Ergebnisse möglich:

- Der behauptete Mangel ist hinnehmbar. Es handelt sich um eine hinzunehmende Unregelmäßigkeit. Nachbesserung oder Minderung ist ausgeschlossen.
- Es liegt ein deutlicher Mangel vor. Eine Beseitigung durch Nachbesserung oder Neuerstellung ist notwendig.
- Es liegt ein Mangel vor, der jedoch als gering zu beurteilen ist. Der Beseitigungsaufwand ist demgegenüber unverhältnismäßig hoch; eine Minderung des Werklohns ist sinnvoll.

Praxistipp

Um zu beurteilen, wann eine Minderung in Betracht kommt, kann die Tabelle „Matrix zu Bewertung von Mängeln" nach Oswald/Abel (Oswald/Abel, 2005) verwendet werden (siehe Tabelle 5.1). Sofern eine Nacherfüllung nicht unverhältnismäßig aufwendig ist, müssen auch kleinere (hinnehmbare) Mängel beseitigt werden.

Tabelle 5.1: Matrix zur Bewertung von Mängeln (nach Oswald/Abel, 2005)

Matrix zur Bewertung von Mängeln			**Bedeutung des Merkmals**										
			sehr wichtig			**wichtig**			**eher unbedeutend**			**unwichtig**	
			100	**90**	**80**	**70**	**60**	**50**	**40**	**30**	**20**	**10**	**5**
Grad der Beeinträchtigung durch den Mangel	**sehr stark**	**100**	100	90	80	70	60	50	40	30	20	10	5
		90	90	81	72	63	54	45	36	27	18	9	4,5
		80	80	72	64	56	48	40	32	24	16	8	4
	deut-lich	**70**	70	63	56	49	42	35	28	21	14	7	3,5
		60	60	54	48	42	36	30	24	18	12	6	3
		50	50	45	40	35	30	25	20	15	10	5	2,5
	mäßig	**40**	40	36	32	28	24	20	16	12	8	4	2
		30	30	27	24	21	18	15	12	9	6	3	1,5
		20	20	18	16	14	12	10	8	6	4	2	1
	gering-fügig	**10**	↑ 10	9	8	7	6	5	4	3	2	1	0,5
		5	5	4,5	4	3,5	3	2,5	2	1,5	1	0,5	0,25
Nacherfüllung in der Regel erforderlich (über 15 %)				**Minderung diskutabel (bis max. 15 %)**						**Bagatellen (unter 2 %)**			

Beispiel

Bei den Malerarbeiten im Wohnzimmer eines Einfamilienwohnhauses wurde an einer Wand ein abweichender Farbton in der Wandbeschichtung festgestellt. Grundsätzlich liegt hier ein Mangel vor. Die optische Beeinträchtigung wurde als geringfügig eingestuft, da die Farbabweichung nicht gravierend ist. Weil es sich um das Wohnzimmer des Hauses handelt, wurde die Bedeutung des Mangels als wichtig eingestuft. Die Matrix (siehe Tabelle 5.1) ergibt einen Wert von:

10 % (geringfügig) · **60 %** (wichtig) = **6 %**

Damit ist der Mangel hinnehmbar.

Da das erneute Streichen der Wand mit einem eher geringen Aufwand verbunden ist, muss der Mangel trotzdem behoben werden.

Die Frage, ob eine Nacherfüllung auch bei kleinen Mängeln und hohen Nacherfüllungskosten durchzuführen ist, ist im Streitfall letztendlich vom Richter zu beantworten.

5.2.1 Einsatz der Nutzwertanalyse zur Bewertung von Baumängeln

Die Nutzwertanalyse ist eine allgemeingültige Methode zur rationellen Bewertung von Alternativlösungen bei komplexen Problemstellungen.

Nutzwertanalyse

Es werden die zu erfüllenden **Aufgaben** (Zwecke, Ziele) definiert. Diese werden bewertet nach den **Merkmalen** (Beitrag zur Zielerfüllung), der Gebrauchstauglichkeit, der Dauerhaftigkeit sowie weiteren wesentlichen Eigenschaften unter Beachtung der Nutzungsdauer (siehe Tabelle 5.2). Das Bewertungsergebnis der Analyse beschreibt, ob und in welcher Hinsicht die **Istbeschaffenheit** vom **Sollzustand** abweicht.

Die Nutzwertanalyse zeigt, ob und wie weit die untersuchte Leistung den Zielvorgaben entspricht. Es wird noch keine Aussage darüber getroffen, wie hoch der zu beziffernde Minderwert ist. Die Minderwertermittlung wird anhand der Zielbaummethode ermittelt. Die Nutzwertanalyse ist die Grundlage der Zielbaummethode.

Tabelle 5.2: Zuordnung und Bewertung von beispielhaften Zielen und Merkmalen (nach Oswald/Abel, 2005)

Aufgaben/Ziele Innenwand aus KS		Merkmale									Wichtung der Zeile (%)
		1	2	3	4	5	6	7	8	9	
		Dicke	Druckfestigkeit	Gewicht (Dichte)	Wärmedämmwert	Überbindemaß	Fugenbreite	Format	Ebenheit	Lotrechtigkeit	
technische Funktion	Tragfähigkeit	+++	+++	–	–	+	+	–	–	–	30
	Wärmeschutz	+++	–	++	+++	–	+	–	–	–	0
	Schallschutz	+++	–	+++	–	–	–	–	–	–	20
	Brandschutz	+++	–	–	–	–	++	–	–	–	20
Dauerhaftigkeit	Eignung als Putzträger	–	–	–	–	+	++	+	+	+	10
	Maßgenauigkeit	+	–	–	–	+	+	+	+++	+++	10
	Risssicherheit	–	–	–	–	+++	++	+++	–	–	5
Optik	optisches Erscheinungsbild	–	–	–	–	++	++	++	+++	+++	5
	Sonstiges										
	Summe										100

+++ = sehr wichtig ++ = wichtig + = geringe Bedeutung – = ohne Bedeutung

Vorteile der Nutzwertanalyse

Es existieren zahlreiche Vorlagen von Handwerksverbänden und Fachbuchautoren. Je nach Problemstellung können die Bewertungstabellen stark vereinfacht werden. Das Verfahren ist allgemein anerkannt.

Nachteile der Nutzwertanalyse

Eine Anpassung an die jeweilige Problemstellung ist notwendig. Die Streuung der Bewertungsergebnisse ist relativ groß, da die Nutzwertanalyse subjektiv durchgeführt wird, d. h., Gebrauchs- und Geltungswert gewichtet werden. Die Einheitlichkeit (Reproduzierbarkeit) ist gering. Der Arbeitsaufwand ist hoch.

5.2.2 Gewichtung von Gebrauchswert und Geltungswert

Eine Gewichtung von Gebrauchswert und Geltungswert ist sowohl für Gebäude als auch für Bauteile sinnvoll. Bauteile werden meist in 3 Kategorien unterteilt:

- Vorzeigebereich,
- Normalbereich und
- nachgeordneter Bereich.

Entscheidend ist die vertragliche Einzelsituation.

Praxistipp

Bei der Gewichtung von Gebrauchswert und Geltungswert können die Vorschläge der verschiedenen Handwerksverbände herangezogen und je nach Einzelfall angepasst werden (vgl. Tabelle 5.3).

Tabelle 5.3: Gewichtung des Gebrauchs- und Geltungswerts von keramischen Fliesen, Platten und Mosaikarbeiten, Natur-, Betonwerkstein und Kunststeinarbeiten des Zentralverbands des Deutschen Baugewerbes (ZDB)

Gebäudenutzung	Gebäudebereich	Gebrauchswert (%)	Geltungswert (%)
Veranstaltungszentren	Windfang/ Eingangshalle	50	50
	Flure/Treppenhäuser	60	40
	WC-Anlagen	60	40
Schulen/ Kindergärten	Eingangshalle/ Treppenhäuser	70	30
	WC-Anlagen/Duschen	70	30

Fortsetzung Tabelle 5.3

Gebäude-nutzung	**Gebäudebereich**	**Gebrauchs-wert (%)**	**Geltungs-wert (%)**
Banken	Eingang/Schalter-hallen	50	50
	WC-Anlagen	60	40
Arztpraxen	Aufenthaltsräume/ Wartezimmer	50 60	50 40
	WC-Anlagen/Labor	70	30
Kaufhäuser	Eingang/Verkaufs-räume	50	50
	Lager/Vorratsräume	80	20
Hotels	Eingang/Empfang	30	70
	WC-Anlagen/Treppen-häuser	40	60
	Bäder/Duschen	40	60
	Vorratsräume/Lager	80	20

Fortsetzung Tabelle 5.3

Gebäude-nutzung	**Gebäudebereich**	**Gebrauchs-wert (%)**	**Geltungs-wert (%)**
Fabriken/ Werkstätten	Eingang/Ausstellungsräume	60	40
	Betriebsstätte/Lagerhallen	90	10
	WC-Anlagen/Betriebsküche	80	20
private Wohnbereiche	Badezimmer/WC/ Küche	40	60
	Eingang/Wohnzimmer	30	70
	Hauswirtschaftsraum/ Sauna	70	30
	Keller/Garage	80	20
	Balkon/Terrasse	50	50
Anmerkung: Die Leistungsbeschreibung oder vertragliche Vereinbarungen über die konkrete Beschaffenheit des Werkes können eine individuelle Angleichung erfordern.			

5.3 Zielbaummethode

Die schrittweise, grafische Darstellung der verschiedenen Aufgaben/Ziele ergibt eine Baumstruktur, nach der die Methode benannt ist.

Damit eine Aussage über den monetären Minderwert getroffen werden kann, muss die in der Nutzwertanalyse festgestellte Abweichung bewertet werden. Aurnhammer (Aurnhammer, 1978) schlägt für den Regelfall eine Skala mit dem Wertebereich von 0 bis 10 (Abweichungszahlen) vor (siehe Tabelle 5.4).

Tabelle 5.4: Abweichungszahlen zur Bewertung von Mängeln (nach Aurnhammer,1978)

Abweichungszahlen	Bewertung
0	mangelfrei
1	fast nicht beeinträchtigt
2	etwas beeinträchtigt
3	noch befriedigend
4	wenig befriedigend
5	unbefriedigend
6	mangelhaft
7	sehr mangelhaft
8	unzulänglich
9	ungenügend, aber noch nutzbar
10	unbrauchbar, nicht verwertbar

Die Minderwertberechnung erfolgt nach Formel 5.1:

$$m_i = \frac{g_i \cdot a_i}{10} \tag{5.1}$$

mit

a Abweichungszahl
g Gewichtung der Ziele in %
i Laufvariable
m Minderwert

Beispiel

Laut Leistungsbeschreibung ist eine Wand aus KS im Kellergeschoss mit folgenden Eigenschaften zu errichten:

- $d = 24{,}0$ cm,
- Druckfestigkeitsklasse 12 (mind. 12 N/mm²),
- Rohdichteklasse 1,4 (1,21 bis 1,40 kg/dm³) und
- Format 8 Dünnformat (DF) 248 mm × 240 mm × 238 mm.

Die Wand soll im Ausbau einseitig verputzt werden. Die nicht verputzte Seite weist zu einem Technikraum hin und ist mit einem Fugenglattstrich auszuführen.

Tatsächlich wurde ein 17,5 cm starkes MW mit folgenden Eigenschaften ausgeführt:

- d = 17,5 cm,
- Druckfestigkeitsklasse 20,
- Rohdichteklasse 1,8 und
- Format 175 mm × 498 mm × 498 mm.

Eine Überprüfung hat ergeben, dass das Überbindemaß der Mauersteine teilweise 7,5 cm anstatt der notwendigen 12,5 cm beträgt. Die Stoßfugen wurden ungleichmäßig breit ausgeführt, teilweise mit Breiten von 4,5 cm.

Die Überprüfung der Maßgenauigkeit zeigt, dass die Wand auf einer Höhe von 2,50 m eine Abweichung von der Lotrechten von 22 mm aufweist. Des Weiteren wurde eine Winkelabweichung im Grundriss von 48 mm gemessen.

Eine erste Einschätzung ergibt, dass eine Minderung denkbar, ein Austausch der Wand jedoch nicht zwingend erforderlich ist. Tabelle 5.5 enthält die zusammengefasste Minderwertermittlung.

Tabelle 5.5: Zusammengefasste Minderwertermittlung

Beurteilungs-kriterium für die KS-Wand	**Gewich-tungszah-len g_i (%)**	**Abwei-chungs-zahlen a_i**	**Wert-minde-rung m_i (%)**
Tragfähigkeit	30	0	0
Wärmeschutz	0	0	0
Schallschutz	20	0	0
Brandschutz	20	0	0
Eignung Putzträger	10	8	8
Maßgenauigkeit	10	8	8
Risssicherheit	5	4	2
optisches Erscheinungsbild	5	7	3,5
Summe	**100**		**21,5**

Es wird ein Minderwert in Höhe von 21,5 % in Bezug auf den Herstellungswert festgesetzt.

5.4 Bewertung von Bauschäden

Das Verfahren zur Bewertung von Bauschäden als Folge von Baumängeln und von Baumängeln, die nicht hinnehmbar sind und behoben werden müssen, verläuft analog zur Bewertung von Baumängeln (siehe Kapitel 5.2). Mögliche Bewertungsergebnisse sind:

- Sanierung,
- Ausgleichszahlung (Schadenersatz),
- geringe Bedeutung.

Sofern die Bewertung ergibt, dass eine Ausgleichszahlung diskutabel ist, kann die monetäre Bewertung nach der Zielbaummethode (siehe Kapitel 5.3) durchgeführt werden.

Alternativ können die tatsächlichen Sanierungskosten ermittelt werden. Das Ergebnis der Sanierungskostenermittlung ist die Diskussionsbasis über eine mögliche Ausgleichszahlung.

Beispiel

Die mangelhafte Gründung einer Fertiggarage führte zu einem Riss in einer Seitenwand der Garage. Der Mangel an der Gründung konnte behoben werden. Mit einer weiteren Rissbildung ist nicht zu rechnen.

Der Grad der Beeinträchtigung kann nach Tabelle 5.1 als mäßig (30 %) bezeichnet werden. Die Bedeutung des Schadens wird als wichtig (50 %) eingestuft. Entsprechend Tabelle 5.1 ergibt sich ein Wert von 30 % · 50 % = 15 %. Über eine Ausgleichszahlung kann diskutiert werden.

Berechnung der Sanierungskosten

Die Berechnung der Sanierungskosten von Baumängeln oder Bauschäden unterscheidet sich von der Baupreisermittlung für Neubauten, da die speziellen Randbedingungen einen großen Einfluss haben und entsprechend zu berücksichtigen sind.

Es bieten sich 2 grundsätzliche Varianten der Berechnung an:

- Berechnung anhand der Einzelkosten der Teilleistungen,
- Berechnung über Bauelemente mit Sanierungszuschlag.

Die Berechnung der Sanierungskosten über **Einzelkosten der Teilleistungen** erfolgt in 5 Schritten. Zu ermitteln sind:

- der wahrscheinliche Zeitaufwand für die Arbeiten (Mannstunden),
- die Materialkosten,
- der Geräteeinsatz,
- die notwendige Baustelleneinrichtung,
- sonstige Kosten.

Beispiel

In einem Badezimmer wurde im Bereich der bodengleichen Dusche die Abdichtung mangelhaft eingebaut. Die Begutachtung des Mangels hat ergeben, dass die Abdichtung erneuert werden muss. Das Sanierungskonzept sieht folgende Arbeiten vor:

- Demontage des Fliesenbelages an den Boden- und Wandflächen im Duschbereich (ca. 5,0 m^2),
- Vorbereiten der Abdichtungsmaßnahmen durch Schleifen des Estrichs und der Wandfläche,

- Einbau einer Abdichtung,
- Einbau der Boden- und Wandfliesen.

Die Berechnung der Sanierungskosten ergibt sich nach den Tabellen 5.6 bis 5.8.

Tabelle 5.6: Ermittlung des Zeitaufwandes

Beschreibung	Anzahl	Zeitaufwand (Stunden)	Zeitaufwand gesamt (Stunden · Anzahl)
Schutzmaßnahmen, Ein- und Abbau	1	2,5	2,50
Demontage Armaturen	1	0,75	0,75
Abbruch Bodenfliesen	2	0,8	1,60
Abbruch Wandfliesen	3	0,7	2,10
Boden schleifen	2	0,5	1,00
Wände schleifen	3	0,6	1,80
Schutt entsorgen	1	2,0	2,00
Boden- und Wandflächen spachteln	5	0,45	2,25
Einbau der Abdichtung	5	0,4	2,00
Verlegen der Fliesen	5	1,90	9,50
Montage Armaturen	1	0,75	0,75
sonstige Leistungen	1	2,5	2,50
Endreinigung	1	1	1,00
Summe			**29,75**

Tabelle 5.7: Ermittlung der Material- und Gerätekosten

Beschreibung	**Anzahl**	**Einzelpreis in €**	**Preis gesamt (Anzahl · Einzelpreis) in €**
Material für Schutzmaßnahmen	1	50,00	50,00
Deponiegebühren Bauschutt	1	110,00	110,00
Wand- und Bodenabdichtung	5	7,50	37,50
Wand- und Bodenfliesen	5	27,50	137,50
sonstige Materialien	1	50,00	50,00
Einsatz Stemmhammer	1	65,00	65,00
sonstige Kosten (Kfz usw.)	1	80,00	80,00
Summe			**530,00**

Tabelle 5.8: Ermittlung der Sanierungskosten

Beschreibung	**Anzahl**	**Einzelpreis in €**	**Preis gesamt (Anzahl · Einzelpreis) in €**
Lohnkosten	29,75	50,00	1.487,50
Material- und Gerätekosten	1	530,00	530,00
Zwischensumme			2.017,50
MwSt.	19 %	2.017,50	383,33
gesamt			**2.400,83**

Die Sanierungskosten belaufen sich auf rund 2.400,00 €.

Vorteile der Sanierungskostenberechnung über die Einzelkosten der Teilleistungen:

- hohe Genauigkeit
- transparent und nachvollziehbar
- ermöglicht Aussagen über den notwendigen Personaleinsatz und die Ausführungszeit

Nachteile der Sanierungskostenberechnung über die Einzelkosten der Teilleistungen:

- verhältnismäßig aufwendig
- in der Regel nur für die Berechnung von Sanierungen kleineren Umfangs geeignet

Die Berechnung der Sanierungskosten über **Bauelemente mit Sanierungszuschlag** erfolgt in folgenden Schritten:

- Ermittlung der passenden Fein- oder Grobelemente und der Mengen,
- Schätzen des Sanierungszuschlages (in der Regel zwischen 20 und 40 %).

Beispiel

Es sollen die Sanierungskosten für die im vorherigen Beispiel angeführte mangelhafte Abdichtung ermittelt werden.

Die Ermittlung erfolgt über die Fein- oder Grobelemente (siehe Tabelle 5.9):

Tabelle 5.9: Ermittlung der Sanierungskosten

Element	Menge	EP (€)	Summe (€)
Baustelleneinrichtung Kleinaufträge	1	250,00	250,00
Fliesen im Dünnbett abbrechen, entsorgen	5	23,00	115,00
Untergrund vorbereiten, Bodenfliesen auf Abdichtung im Dünnbett verlegen	5	87,50	437,50
Zwischensumme I			**802,50**
Sanierungszuschlag	40 %	802,50	321,00
Zwischensumme II			**1.123,50**
MwSt.	19 %	1.123,50	213,47
Summe			**1.336,97**

Die Sanierungskosten belaufen sich auf rund 1.340,00 €.

Vorteile der Sanierungskostenberechnung anhand von Fein- oder Grobelementen:

- geringer Aufwand
- vorhandene Kostenelemente können verwendet werden
- auch für umfangreichere Maßnahmen geeignet

Nachteile der Sanierungskostenberechnung anhand von Fein- oder Grobelementen:

- relativ ungenau, da die besonderen Umstände nur durch einen allgemeinen Faktor berücksichtigt werden
- eingeschränkte Nachvollziehbarkeit

6 Nutzungs- und Lebenszykluskosten im Hochbau

6.1 Nutzungskosten im Hochbau

Die **Nutzungsdauer** ist der Zeitraum, in dem ein Gebäude (bestehend aus Bau- und Anlagenteilen) bei weitgehend gleichbleibenden Eigenschaften betrieben wird.

Ein Gebäude besitzt eine technische und eine wirtschaftliche **Lebensdauer**.

- Die **technische Lebensdauer** ist die Zeitspanne bis zu dem Punkt, an dem die Funktion nicht mehr erfüllt wird und eine Erhaltung nicht mehr möglich ist.
- Am Ende der **wirtschaftlichen Lebensdauer** ist die Nutzung des Gebäudes mit oder ohne Instandhaltungs- oder Instandsetzungsmaßnahmen aus wirtschaftlichen Aspekten nicht mehr sinnvoll.

Der **Lebenszyklus** von Gebäuden ist der Zeitraum vom Nutzungsbeginn bis zum Nutzungsende.

Die **Lebenszykluskosten** sind diejenigen Kosten, die zur Bewirtschaftung eines Gebäudes während der geplanten Nutzung aufgewendet werden müssen. Eine Darstellung und Gliederung findet sich zum Teil in der DIN 18960-02 „Nutzungskosten im Hochbau" (2008).

Tabelle 6.1 gibt eine Übersicht über die verschiedenen Gliederungsstufen der Nutzungskostenermittlung nach DIN 276 und DIN 18960.

Tabelle 6.1: Vergleich der Kostenermittlungsstufen nach DIN 276 und DIN 18960

Grundlage der Ermittlung	Kostenermittlung nach DIN 276	Nutzungskostenermittlung nach DIN 18960
Bedarfsplanung	Kostenrahmen	Nutzungskostenrahmen
Vorplanung	Kostenschätzung	Nutzungskostenschätzung
Entwurfsplanung	Kostenberechnung	Nutzungskostenberechnung
Ausführungsvorbereitung	Kostenvoranschlag/ Kostenanschlag	Nutzungskostenanschlag
endgültige Kosten	Kostenfeststellung	Nutzungskostenfeststellung

Hinweis

Die Genauigkeit der Nutzungskostenermittlung nimmt mit der Planungsgenauigkeit zu und soll bis ins erste Betriebsjahr dokumentiert werden.

Tabelle 6.2: Auszug aus den Nutzungs-KG im Hochbau nach DIN 18960

KG-Nr.	Nutzungs-KG
100	Kapitalkosten
110	Fremdmittel, z.B. Zinsen, Bürgschaften, Fremdmittel
120	Eigenmittel, z.B. Zinsen, Eigenmittel
130	Abschreibung, z.B. Abnutzung
190	Kapitalkosten, Sonstiges
200	Objektmanagementkosten
210	Personalkosten
220	Sachkosten
230	Fremdleistungen
290	Objektmanagementkosten, Sonstiges
300	Betriebskosten
310	Versorgung, z.B. Wasser, Öl
320	Entsorgung, z.B. Abfall

Fortsetzung Tabelle 6.2

KG-Nr.	Nutzungs-KG
330	Reinigung und Pflege von Gebäuden, z. B. Glas-, Fassadenreinigung
340	Reinigung und Pflege von Außenanlagen, z. B. Grünflächen
350	Bedienung, Inspektion und Wartung, z. B. technische Anlagen
360	Sicherheits- und Überwachungsdienste, z. B. Objektschutz
370	Abgaben und Beiträge, z. B. Steuern, Versicherungsbeiträge
390	Betriebskosten, Sonstiges
400	Instandsetzungskosten
410	Instandsetzung der Baukonstruktionen, z. B. Dächer, Fassaden
420	Instandsetzung der technischen Anlagen, z. B. Gas- und Förderanlagen
430	Instandsetzung der Außenanlagen, z. B. Geländeflächen

Fortsetzung Tabelle 6.2

KG-Nr.	Nutzungs-KG
440	Instandsetzung der Ausstattung
490	Instandsetzungskosten, Sonstiges

Die Lebenszykluskosten werden mit den Nutzungskosten gleichgesetzt.

Hinweis

Die bis zum Nutzungsbeginn anfallenden Kapital- und Betriebskosten werden den Baunebenkosten zugeordnet. Die gesamten Nutzungskosten und die Kosten für einen Abriss fließen in die Lebenszykluskosten ein.

Bei der Betrachtung von Nutzungs- und Lebenszykluskosten von Gebäuden wird immer die wirtschaftliche Lebensdauer zugrunde gelegt.

Die Lebensdauer von Wohngebäuden wird in der Regel mit 80 Jahren angenommen. Sie ist eine Referenzzeit, die durch die Wertermittlungsrichtlinien 2006 (WertR 2006) bestätigt wird.

Hiernach beträgt die wirtschaftliche Gesamtnutzungsdauer bei ordnungsgemäßer Instandhaltung 60 bis 80 Jahre für

- Mehrfamilienhäuser und
- gemischt genutzte Wohn- und Geschäftshäuser.

Eine grobe Einordnung verschiedener Objekte zeigt Tabelle 6.3.

Tabelle 6.3: Beispiele von Gebäudeobjektarten und deren Lebensdauer

Gebäudeobjektarten	Lebensdauer in Jahren
raumbildender Ausbau, z. B. Ladenbau, Gastronomie	5–10
modernisierte Gebäude, meist Wohnungen	10–20
Gewerbeobjekte wie Supermärkte, Einrichtungshäuser	25–30
Bürogebäude	< 50
Wohngebäude	> 80

Einen besonderen Einfluss auf die Nutzungs- und Lebensdauer haben insbesondere:

- Bedarfsqualität,
- Planungsqualität,
- Trennbarkeit von Bau- und Anlagenteilen mit unterschiedlichen Lebensdauern,
- Materialqualität,
- Qualität der Verarbeitung von Bau- und Anlagenteilen,
- Art der Nutzung,
- Qualität der Instandhaltung (Wartung und Pflege),
- Umwelteinflüsse,
- Schutz von Bau- und Anlagenteilen.

Praxistipp

Bei der Planung von Wohngebäuden ist die Lebensdauer der Bauteile aufeinander abzustimmen, damit die Lebenszykluskosten gesenkt werden können.

Es ist darauf zu achten, dass Bauteile mit einer geringeren Lebensdauer ausgetauscht werden können, ohne dass dadurch Bauteile mit einer längeren Lebensdauer zerstört werden. Das Ziel ist es, eine optimale, dynamische Gesamtwirtschaftlichkeit des Gebäudes zu erreichen.

Ein aussagekräftiger Vergleich der Baukosten verschiedener Ausführungsvarianten ist nur in Bezug auf die jeweils zu erwartende Nutzungsdauer und die Nutzungskosten sinnvoll.

Für den Vergleich von insbesondere in der Größe unterschiedlichen Gebäuden sind als Bezugseinheiten für die Kostenkennwerte die Nutzeinheiten und die Grundflächen des Gebäudes zu wählen.

Praxistipp

Kostenkennwerte ohne genaue Angabe der Flächenart, wie z. B. €/m², können in der Baukostenermittlung nicht verwendet werden, da sowohl die BGF als auch die Mietfläche oder andere Flächenarten infrage kommen können. Die Unterschiede zwischen den Flächenarten belaufen sich mitunter auf 100 %.

Aus 3 Gründen sind die Nutzungskosten für alle Nutzungskostenarten nach DIN 18960 vollständig zu erfassen:

- Die Wirtschaftlichkeit eines Gebäudes kann beurteilt werden.
- Die Kostenkennwerte können zum Vergleich herangezogen werden.
- Eine Optimierung kann durchgeführt werden.

Eine gesonderte Betrachtung von ausgewählten Nutzungskosten, Bauteilen oder Grundflächen kann aus folgenden Gründen sinnvoll sein:

- Kapitalkosten und Abschreibung, Objektmanagement und Instandsetzung sind Teil der Nettokaltmiete.
- Teile der Betriebskosten werden auf den Mieter umgelegt.
- Teile der Betriebskosten, wie Strom, werden direkt vom Mieter getragen.

In der Verordnung über die Aufstellung von Betriebskosten (Betriebskostenverordnung BetrKV) ist in § 1 der Begriff der Betriebskosten definiert:

„Betriebskosten sind die Kosten, die dem Eigentümer oder Erbbauberechtigten durch das Eigentum oder Erbbaurecht am Grundstück oder durch den bestimmungsmäßigen Gebrauch des Gebäudes, der Nebengebäude, Anlagen, Einrichtungen und des Grundstücks laufend entstehen. […].“
(Betriebskostenverordnung BetrKV, vom 03.05.2012)

Hinweis

Die Betriebskosten eines Gebäudes während der Nutzungszeit, z. B. Kosten für Energie, Wartung, Reinigung und Austausch, übersteigen die Herstellungskosten um ein Vielfaches.

6.2 Lebenszykluskosten im Hochbau

Gründe für die Ermittlung der Lebenszykluskosten sind die

- wirtschaftliche Notwendigkeit der Optimierung von ganzheitlichen Kosten,
- Zertifizierung der ökonomischen Nachhaltigkeit nach den Vorgaben der Deutschen Gesellschaft für Nachhaltiges Bauen (DGNB) und des Bundesministeriums des Innern, für Bau und Heimat (BMI),
- Vergleichbarkeit von Public-Private-Partnership-Angeboten.

Hinweis

Das BMI hat einen Kriterienkatalog zur ganzheitlichen Betrachtung und Bewertung von Nachhaltigkeitsaspekten veröffentlicht. Das „Bewertungssystem Nachhaltiges Bauen" (BNB) des BMI ist verbindlich für Bundesbaumaßnahmen und liegt für Büro- und Verwaltungsgebäude vor.

Für die Ermittlung der Lebenszykluskosten ist keine allgemein anerkannte oder genormte Methode vorhanden.

6.2.1 Lebenszykluskosten nach dem „Bewertungssystem Nachhaltiges Bauen“ (DGNB)

In Deutschland gibt es seit 2009 das DGNB-System. Es wurde von Fachleuten aus der Bau- und Immobilienbranche entwickelt, nachdem diese schon 2007 die Deutsche Gesellschaft für Nachhaltiges Bauen – DGNB e. V. gegründet hatten.

Die Grundsystematik wurde in Zusammenarbeit mit der DGNB und dem damaligen Bundesministerium für Verkehr, Bau und Stadtentwicklung (BMVBS) entwickelt. Das BMVBS präzisierte diese Systematik für die Eigenbewertung von Bundesbauten zum „BNB-System“, während die DGNB ein vollständiges Zertifizierungssystem für verschiedenste Gebäudenutzungen mit dem Namen „DGNB-System“ entwickelte. Bis auf die Spezifikationen des Zertifizierungssystems für die Eigenbewertung der Bundesbauten sind die Bewertungssysteme identisch.

Nachfolgend wird nur auf das DGNB-System eingegangen.

Die Bewertung nach dem DGNB erfolgt nach 6 getrennt zu bewertenden Nachhaltigkeitskriterien (siehe Abb. 6.1).

Die Bewertung der unterschiedlichen Qualitäten erfolgt anhand quantifizierbarer bzw. beschreibbarer Messgrößen, die in **Kriteriensteckbriefen** definiert sind. Die Kriterien werden innerhalb der übergeordneten Qualitätsziele anhand ihrer Relevanz mithilfe eines Bedeutungsfaktors berechnet. Ein Kriterium kann mit maximal 100 Punkten bewertet werden. Dies entspricht der Zieldefinition. Parallel zum Zielwert wird ein Grenzwert definiert. Die Bewertung der Einzelkriterien wird in einer Gesamtnote zusammengefasst. Abb. 6.2 zeigt

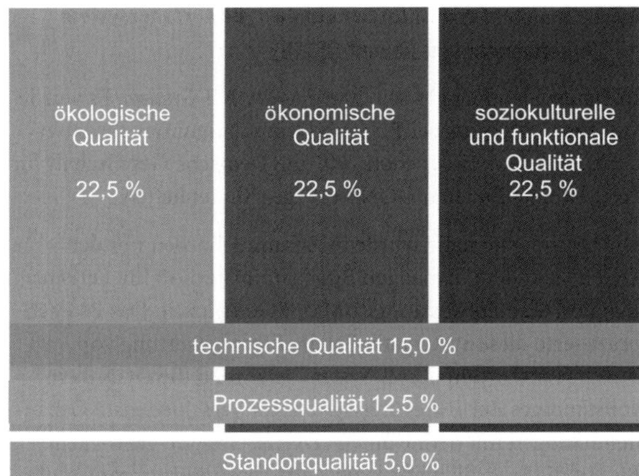

Abb. 6.1: Gewichtung der Nachhaltigkeitskriterien nach der DGNB-Bewertungsmethodik (Quelle: www.dgnb-system.de)

Gesamterfüllungsgrad	Mindesterfüllungsgrad	Auszeichnung	
ab 35 %	— %	Bronze*	DGNB
ab 50 %	35 %	Silber	DGNB
ab 65 %	50 %	Gold	DGNB
ab 80 %	65 %	Platin	DGNB

*Diese Auszeichnung gilt nur für Bestandsgebäude

Abb. 6.2: Zuordnung der Erfüllungsgrade zu Gebäudenote und Zertifikat (Quelle: www.dgnb-system.de)

die Zuordnung der Erfüllungsgrade zu einer Gesamtnote, die zur Auszeichnung mit dem jeweiligen Zertifikat (platin, gold, silber, bronze) berechtigt.

Die DGNB-Methodik betrachtet die ersten 50 Jahre im Lebenszyklus. Der Lebenszyklus eines Bauteils kann länger oder kürzer sein als der Betrachtungszeitraum. Entscheidend für die Gesamtbewertung auf Gebäudeebene ist, wie oft ein Bauteil während des Betrachtungszeitraums ausgetauscht wird.

Die Lebenszykluskosten eines Gebäudes sind in der Kriteriengruppe „ökonomische Qualität“ enthalten.

Barwertmethode

Die ermittelten gebäudebezogenen Kosten sind mithilfe der Barwertmethode entsprechend dem Betrachtungszeitraum umzurechnen. Die Barwertmethode, auch Gegenwartswertmethode, beschreibt den Wert, den eine zukünftige Zahlung in der Gegenwart besitzt. Sämtliche Kosten, die eine Immobilie in der Zukunft verursachen wird, werden durch Abzinsung auf den Berechnungsstichtag zu einem mit anderen Immobilien vergleichbaren Wert umgerechnet.

In die Lebenszykluskostenanalyse und die Barwertmethode sind einzubeziehen:

- ausgewählte Herstellungskosten nach DIN 276, KG 300 und KG 400 netto,
- ausgewählte Nutzungskosten nach DIN 18960, KG 310, KG 320, KG 300, KG 350, KG 410, KG 420 netto,
- Diskontierungszinssatz, Preissteigerungsraten,
- Tarife für Wärme, Strom und Wasser sowie Stundenverrechnungssätze für Reinigung.

Der ermittelte Barwert wird bezogen auf den m^2 BGF.

Die Bewertung erfolgt dreistufig mit folgenden **Bewertungsstufen**:

- deutlich übererfüllt: 1.150 €/m^2 BGF netto
- übererfüllt: 1.400 €/m^2 BGF netto
- erfüllt: 1.600 €/m^2 BGF netto

Die in den Bewertungsstufen angegebenen Kostenwerte können bei begründeten Sonderbedingungen für das Gebäude erhöht werden. Besondere Fälle liegen z. B. vor bei

- erschwerten Baugrundbedingungen,
- Besonderheiten am Standort, die einen erhöhten baulichen Aufwand erfordern,
- Einsatz innovativer Maßnahmen zur Verbesserung der Energieeffizienz und des Umweltschutzes, die derzeit noch nicht wirtschaftlich sind,
- sonstigen Besonderheiten, die zu deutlichen Abweichungen von den durchschnittlichen Baupreisen führen.

Die **Bewertungsstufen bei Sonderbedingungen** sind:

- deutlich übererfüllt: 1.440 €/m^2 BGF netto
- übererfüllt: 1.750 €/m^2 BGF netto
- erfüllt: 2.000 €/m^2 BGF netto

6.2.2 Sonstige Kostenarten

Die **ausgewählten Herstellungskosten** berücksichtigen die Kosten der KG 300 und 400 nach DIN 276. Die Ermittlung erfolgt auf Basis der Kostenermittlung bzw. der Kostenfeststellung. Die Ermittlung ist auf das Jahr der Bewertung zu beziehen. Gegebenenfalls ist eine Umrechnung auf das entsprechende Preisniveau vorzunehmen. Die Angabe erfolgt netto, bezogen auf m^2/BGF.

Die **ausgewählten Nutzungskosten** berücksichtigen die KG der DIN 18960 mit unmittelbarem Bezug zum Gebäude.

Die ermittelten Kosten werden über einen vorgegebenen Preissteigerungsfaktor an die angenommene jährliche Preisentwicklung angepasst. Mit einem vorgegebenen Diskontierungszinssatz wird der Barwert berechnet.

Die allgemeine Formel für den Barwert (K_0) lautet:

$$K_0 = K_n \cdot \frac{1}{(1 + i)^n} \qquad (6.1)$$

mit

i Kalkulationszinssatz

K_0 Barwert

K_n Summe der Zahlungen

n Anzahl der Jahre

Kalkulatorische Kostenarten

Die **Abschreibung** eines Gebäudes, also der Wertverlust über die wirtschaftliche Nutzungsdauer, zählt zu den kalkulatorischen Kostenarten.

Die jährlichen Kosten aus der Abschreibung ergeben sich aus der Anschaffungsausgabe für das Gebäude ohne Baugrundstück dividiert durch die Anzahl der Jahre der wirtschaftlichen Nutzungsdauer.

Der Wertverlust wird vereinfacht als jährlich gleich hoch angenommen.

Hinweis

Auf eine Abschreibung kann auch dann nicht verzichtet werden, wenn das Gebäude instand gehalten wird, denn spätestens beim Abbruch ist der kalkulatorische Restwert 0.

Eine weitere kalkulatorische Kostenart sind die **Kapitalkosten**. Bei einer langfristigen Betrachtung wird aufgrund der Abschreibung von einer durchschnittlich halben Kapitalbindung ausgegangen.

Als Kapitalkosten gelten alle Kosten, die sich aus der Inanspruchnahme von Finanzierungsmitteln (= Zinsen) ergeben, unterteilt in Fremdkapitalkosten und Eigenkapitalkosten.

6.3 Nutzungsdauer von Bauteilen

Die verfügbaren Tabellen zur Nutzungsdauer von Bauteilen, z. B. aus dem Leitfaden „Nachhaltiges Bauen – Bewertung der Nachhaltigkeit von Gebäuden und Liegenschaften" des Bundesministeriums für Verkehr, Bau und Wohnungswesen (BMVBW), basieren in der Regel auf Erfahrungswerten und nicht auf prüfbaren Untersuchungen. Verbindliche Angaben können insofern nicht gemacht werden.

Tabelle 6.4: Nutzungsdauern und Austauschfrequenz von Bauteilen nach Bundesinstitut für Bau-, Stadt- und Raumforschung (BBSR), 2011

Bauteil	**Nutzungs-dauer (Jahre)**	**Austausch-frequenz innerhalb von 50 Jahren**
Gründung		
Flachgründungen, Tiefgründungen, Bodenplatten	> 50	0
Bauwerksabdichtung	35	1
Außenwandkonstruktionen		
Außenwände, Außenstützen, sämtliche Konstruktionsarten	> 50	0

Fortsetzung Tabelle 6.4

Bauteil	**Nutzungs-dauer (Jahre)**	**Austausch-frequenz innerhalb von 50 Jahren**
Außentüren und -fenster		
Außentüren aus Holz, Metall	> 50	0
Außentüren aus Holzwerkstoff, Kunststoff	40	1
Außentüren: Automatiktüren	20	2
Außenfenster aus Aluminium, Aluminium-Holz, Aluminium-Kunststoff, Laubholz, behandelt, Stahl	> 50	0
Außenfenster aus Kunststoff, Nadelholz, behandelt	40	1
Außenfenster Beschläge: Drehkippbeschläge, Schwingflügelbeschläge usw.	25	1
Türschließer	20	2
Türantriebe	15	3
Dichtungsprofile	20	2
Dichtstoffe	12	4

Fortsetzung Tabelle 6.4

Bauteil	**Nutzungs-dauer (Jahre)**	**Austausch-frequenz innerhalb von 50 Jahren**
Abdichtungen und Dämmungen, erdberührt		
Abdichtungen gegen drückendes Wasser: Dichtungsbahnen	> 50	0
Abdichtungen gegen nicht drückendes Wasser: Dichtungsbahnen aus Bitumen, Spachtelmassen	40	1
Abdichtung gegen nicht drückendes Wasser: Beschichtungen und Anstriche	30	1
Wärmedämmung: Perimeterdämmung Schaumglas	> 50	0
Wärmedämmung: Perimeterdämmung expandiertes Polystyrol (XPS)	40	1
Außenwandbekleidungen, außen: Oberflächenbehandlung		
mineralischer Untergrund: Dispersionsfarbe, Silikatdispersion, Kunststoffbeschichtungen	20	2
mineralischer Untergrund: Silikonharzfarbe, Silikatfarbe, Polymerisatharzfarbe	15	3

Fortsetzung Tabelle 6.4

Bauteil	**Nutzungsdauer (Jahre)**	**Austauschfrequenz innerhalb von 50 Jahren**
Holzschutzanstriche: Holzlasuren	8	6
Holzschutzanstriche: Holzöle, Holzwachse	5	9
Holzschutzimprägnierungen: Druckimprägnierung	18	2
Außenwandbekleidungen, außen: Putz		
Putz auf monolithischem Wandbildner: Kalkmörtel, Kalkzementmörtel, Zementmörtel, Luftkalkmörtel, hydraulischer Kalkmörtel, Wasserkalkmörtel	45	1
Putz auf monolithischem Wandbildner: Silikatputz, Silikonharzputz, Kunstharzputz	30	1
Putz auf Wärmedämmung: mineralische, organische Putzsysteme	30	1
Außenwandbekleidungen, außen: MW, Platten, Stein		
Klinker, KS, Sichtbeton	> 50	0

Fortsetzung Tabelle 6.4

Bauteil	**Nutzungs-dauer (Jahre)**	**Austausch-frequenz innerhalb von 50 Jahren**
Bekleidungen: Naturstein, Kunststein, Betonsteinplatten, Faserzementplatten, Kunstharzstein, Ziegelplatten, keramische Fliesen und Platten, Feinsteinzeug, Steinzeug und Spaltplatten	> 50	0
Außenwandbekleidungen, außen: Dämmung		
Dämmschicht als Kerndämmung oder hinter Vorsatzschale	> 50	0
Wärmedämm-Verbundsystem	40	1
Außenwandbekleidungen, außen: Holz		
Holzbekleidung: Nadelholz, behandelt, Laubholz, Holzwerkstoffsysteme	40	1
Holzbekleidung: Nadelholz, unbehandelt	30	1
Holzbekleidung: Holzschindeln	> 50	0
Außenwandbekleidungen, außen: Metall		
Metallbekleidungen: Zink, Kupfer, Aluminium, eloxiert, Aluminium, lackiert, Stahl, nicht rostend	> 50	0

Fortsetzung Tabelle 6.4

Bauteil	**Nutzungsdauer (Jahre)**	**Austauschfrequenz innerhalb von 50 Jahren**
Vorsatzschale hinterlüftet: Kupferblech	> 50	0
Vorsatzschale hinterlüftet: Zink, Stahl, nicht rostend	45	1
Vorsatzschale hinterlüftet: Aluminiumverbundplatten, korrosionsreduzierter Stahl, Stahl, galvanisch verzinkt und beschichtet	30	1
Außenwandbekleidungen, außen: sonstige		
Vorsatzschale, hinterlüftet: Glas	> 50	0
Vorsatzschale, hinterlüftet: faserverstärkte Harzkompositplatten	30	1
Wandbekleidungen (Systeme): Kunststoff, Mehrschichtleichtbauplatten	40	1
Vorsatzschale: Unterkonstruktion	> 50	0
Sonnenschutz		
Jalousien: Kunststoff	25	1
Jalousien: Aluminium	15	3
Markisen	15	3

Fortsetzung Tabelle 6.4

Bauteil	**Nutzungs-dauer (Jahre)**	**Austausch-frequenz innerhalb von 50 Jahren**
Innenwände (tragend und nicht tragend)		
Innenwände: MW-Wand, Stahlbeton-wand, Holzwand, Ständersysteme, Gipswandbauplatten	> 50	0
Innenstützen: MW, Stahlbeton, Holz, Stahl	> 50	0
Innentüren und -fenster		
Standardtüren: Holztüren, Holz-werkstofftüren, Aluminiumtüren, Kunststofftüren, Holzwerkstofftüren, Stahltüren und Stahltüren, rostfrei	> 50	0
Sondertüren: Glastüren, Rauchschutz-türen, Schallschutztüren	> 50	0
Sondertüren: Feuchtraumtüren	40	1
Sondertüren: Schiebetüren, Rotati-onstüren	30	1
Sondertüren: Automatiktüren	20	2
Türschließer, Türschlösser, Fenster-schlösser	30	1
Türantriebe	15	3

Fortsetzung Tabelle 6.4

Bauteil	**Nutzungs-dauer (Jahre)**	**Austausch-frequenz innerhalb von 50 Jahren**
Innenwandbekleidungen		
Standard-I-Putze	> 50	0
Sanierputzsysteme	15	3
Innenanstriche	15	3
Bekleidungen: Holz, Holzwerkstoff und Mehrschichtleichtbauplatten, Metall, Kunststein, Fliesen und Platten	> 50	0
Deckenkonstruktionen		
sämtliche konventionellen Konstruktionen	> 50	0
Deckenbeläge		
Estriche inkl. Dämmschichten	> 50	0
Natur- und Kunststeinbeläge, Fliesenbeläge	> 50	0
Gussböden aus Kunstharz	30	1
textile Beläge	10	4
elastische Beläge, Kunststoffbeläge	20	2

Fortsetzung Tabelle 6.4

Bauteil	**Nutzungs-dauer (Jahre)**	**Austausch-frequenz innerhalb von 50 Jahren**
Vollholzparkett, Holzdielen, Holzpflaster	> 50	0
Holz-Mehrschichtparkett	40	1
Holzlacke für Bodenbeläge	8	6
Doppelböden und Hohlraumböden	> 50	0
Schwingböden: Holz, Kunststoff	45	1
Schmutzfangbeläge, Sauberlaufzonen	8	6
Oberflächenbehandlung: Versiegelung	12	4
Oberflächenbehandlung: Beschichtung auf Kunststoffbasis	10	4
Deckenbekleidungen		
Gipskartonbekleidungen, Metallbekleidungen, Holzbekleidungen	> 50	0
Sonderkonstruktionen inkl. Befestigung: Mineralfaserplatten, Kunststoffplatten, Glasplatten	> 50	0
Sonderkonstruktionen inkl. Befestigung: Brandschutz-Unterdecken	40	1

Fortsetzung Tabelle 6.4

Bauteil	Nutzungsdauer (Jahre)	Austauschfrequenz innerhalb von 50 Jahren
Sonderkonstruktionen inkl. Befestigung: Lichtdecken	25	1
Dämmung der Kellerdecke	> 50	0
Dachkonstruktionen		
Tragkonstruktion von Schräg- und Flachdächern	> 50	0
Dachbeläge: Flachdachabdichtung		
Abdichtungsbahnen: Elastomerbahnen, Kunststoffbahnen unterhalb der Dämmung	40	1
Abdichtungsbahnen: Bitumenbahnen unterhalb der Dämmung	30	1
Abdichtungsbahnen: Bitumenbahnen, Elastomerbahnen, Kunststoffbahnen oberhalb Dämmung mit schwerer Schutzschicht	30	1
Abdichtungsbahnen: Bitumenbahnen, Elastomerbahnen, Kunststoffbahnen oberhalb Dämmung mit leichter Schutzschicht	20	2

Fortsetzung Tabelle 6.4

Bauteil	**Nutzungsdauer (Jahre)**	**Austauschfrequenz innerhalb von 50 Jahren**
Abdichtmassen: Asphaltmastix, Flüssigabdichtung, Gussasphalt unterhalb der Dämmung	40	1
Abdichtmassen: Flüssigabdichtung oberhalb Dämmung ohne Schutzschicht	20	2
schwere Schutzschicht: extensive Begrünung	40	1
schwere Schutzschicht: Bekiesung, Verlegeplatten, intensive Begrünung	30	1
Beschichtungen: Metallanstrich	12	4
Dachbeläge: Dachdeckung		
Deckungen: Schiefer, Ziegel, Beton, Faserzement, Zink, Kupferblech, Stahl, nicht rostend, Holzschindeln	> 50	0
Deckungen: Stahl, galvanisch verzinkt, Aluminium	40	1
Deckungen: Glas	30	1
Deckungen: Bitumenschindeln, Bitumenwellplatten	25	1

Fortsetzung Tabelle 6.4

Bauteil	Nutzungsdauer (Jahre)	Austauschfrequenz innerhalb von 50 Jahren
Metallbanddeckungen: Stahl, nicht rostend, Kupfer	> 50	0
Deckungen: Reet	30	1
Dachbeläge: Attikaabdeckung		
Attikaabdeckungen: Naturstein, Kunststein, Betonfertigteil, Betonsteinplatten, keramische Fliesen und Platten, Feinsteinzeug, Steinzeug, Spaltplatten, Kupfer, Stahl, nicht rostend, Zink	> 50	0
Attikaabdeckungen: Aluminium, Faserzement	40	1
Attikaabdeckungen: Kunststoff	20	2
Dachbeläge: Entwässerung		
Entwässerung (Dachrinnen, Regenfallrohre, Dachabläufe): Stahl, nicht rostend, Kupfer, Zink, Aluminium	> 50	0
Entwässerung (Dachrinnen, Regenfallrohre, Dachabläufe): Kunststoff	20	2
Dachbekleidungen		
Unterdach: Bitumen-Holzfaserplatten	> 50	0

Fortsetzung Tabelle 6.4

Bauteil	Nutzungs-dauer (Jahre)	Austausch-frequenz innerhalb von 50 Jahren
Unterdach: imprägnierte Faserplatten aus Holz, Hanf, Zellulose	30	1
Unterdach: dampfdiffusionsoffene Kunststofffolien	30	1

6.4 Instandhaltungskosten von Bauteilen

Die Instandhaltung nach DIN 31051 (2019) „Grundlagen der Instandhaltung“ ist definiert als:

„Kombination aller technischen und administrativen Maßnahmen sowie Maßnahmen des Managements während des Lebenszyklus eines Objekts, die dem Erhalt oder der Wiederherstellung ihres funktionsfähigen Zustands dient, sodass es die geforderte Funktion erfüllen kann.“

Die Instandhaltung wird unterteilt in die Grundmaßnahmen

- Wartung,
- Inspektion,
- Instandsetzung,
- Verbesserung und
- Schwachstellenanalyse.

Zur **Wartung** zählen Maßnahmen, die den Abbau des vorhandenen Abnutzungsvorrats verzögern.

Die **Inspektion** beinhaltet Maßnahmen zur Feststellung und Beurteilung des Istzustandes mit dem Ziel, notwendige Konsequenzen zu formulieren.

Die **Instandsetzung** umfasst Maßnahmen, die ein Bauteil wieder in einen funktionsfähigen Zustand versetzen. Wird dabei das Bauteil modifiziert bzw. dem Stand der Technik angepasst, handelt es sich um eine **Verbesserung**.

Die **Schwachstellenanalyse** deckt einen erhöhten Verschleiß auf, der den Nutzungszeitraum verkürzt.

Die Kosten für Wartung und Inspektion sowie Instandsetzung werden als Prozentsatz der Herstellungskosten angegeben. Hierbei handelt es sich um grobe Richtwerte, die im Einzelfall stark abweichen können (siehe Tabelle 6.5).

Tabelle 6.5: Richtwerte für Wartung, Inspektion und Instandsetzung

Bauteil	**Kosten Wartung/ Inspektion (% pro Jahr)**	**Kosten Instand-setzung (% pro Jahr)**
KG 300	**0,1**	**1,2**
Gründung	0,0	0,1
Außenwände	0,05	0,3
Standardfenster inkl. Beschläge	0,15	2,0

Fortsetzung Tabelle 6.5

Bauteil	**Kosten Wartung/ Inspektion (% pro Jahr)**	**Kosten Instand-setzung (% pro Jahr)**
Standardtüren	0,2	1,0
Automatiktüren	0,5	3,0
Türantriebe	0,5	3,5
erdberührte Abdichtungen	0,0	0,1
Außenwandbekleidungen, außen: Putz	0,05	1,0
Außenwandbekleidungen, außen: Anstriche	0,1	1,8
Außenwandbekleidungen, außen: sonstige	0,05	0,8
Sonnenschutz, beweglich	0,2	2,5
Innentüren, Automatiktüren	1,0	3,5
Innentüren, Brandschutztüren	0,5	0,2
elementierte Innenwände	0,1	1,0
Deckenkonstruktionen	0,05	0,1
Deckenbeläge	0,05	2,0
Deckenbekleidungen	0,05	1,0

Fortsetzung Tabelle 6.5

Bauteil	**Kosten Wartung/ Inspektion (% pro Jahr)**	**Kosten Instand-setzung (% pro Jahr)**
Dachkonstruktionen	0,1	1,0
Dachflächenfenster	0,1	2,0
Dachbeläge, Flachdach	0,3	1,2
Dachbeläge, Dachdeckung	0,1	0,5
Dachentwässerung	0,2	3,0
baukonstruktive Einbauten	0,1	1,2
KG 400	**2,5**	**2,0**
Wärmeversorgungsanlagen	0,7	0,6
lufttechnische Anlagen	2,1	2,5
Starkstromanlagen	1,25	0,7
fernmeldetechnische Anlagen	0,7	0,3
Aufzüge	2,10	1,5

7 Anhang

7.1 Checkliste Kostenschätzung

Datum:

Projekt:		Teilnehmer:	
Bauort:			
Bauherr:			

UNTERLAGEN			
	beigefügt	folgt bis	entfällt
Bodengutachten	☐		☐
Bebauungsplan	☐		☐
Vorplanung Grundrisse (M 1: .....)	☐		☐
Vorplanung Schnitte (M 1: .....)	☐		☐
Vorplanung Ansichten (M 1: .....)	☐		☐
Berechnung von Bezugseinheiten	☐		☐
Vorstatik	☐		☐
.....	☐		☐
.....	☐		☐
.....	☐		☐
.....	☐		☐

KG 310 BAUGRUBE			
Baugelände abräumen	☐ ja	☐ nein	☐ ..... m^2
Bäume fällen	☐ ja	☐ nein	☐ ..... Stück
Mutterboden vorhanden?	☐ ja	☐ nein	☐ ..... cm
Bodenklasse	Klasse		☐ gem. Gutachten
Lagerung Aushub auf dem Grundstück	☐ ja	☐ nein	☐ teilweise ..... %
Höhenbezug	± 0,00 = ... üNN		
Maßnahmen zur Gründungsverbesserung	☐ ja	☐ nein	☐ gem. Gutachten
Belasteter Boden (LAGA Z .....)	☐ ja	☐ nein	☐ ..... m^3
Baugrubenverbau (Art: .....)	☐ ja	☐ nein	
Wasserhaltung	☐ ja	☐ nein	
sonstige Angaben	.....		

KG 320 GRÜNDUNG		
Maßnahmen zur Gründungsverbesserung	☐ ja	☐ nein
besondere Gründung	☐ ja	☐ nein
	☐ Flachgründung	
	☐ Pfahlgründung	
	☐ Brunnengründung	
	☐ Verankerung	
Bauwerksabdichtungen	☐ ja	☐ nein
	☐ Lastfall nach DIN 18531 bis 18535 (2017)	

Bodenbeläge (kurze Beschreibung d. Aufbaus)	.....		
Dränagen	☐ ja	☐ nein	Art: .....
sonstige Angaben	.....		

KG 330 AUSSENWÄNDE			
Ausführung tragende Wände UG			
Ausführung tragende Wände Geschosse, Typ I	.... %		
Ausführung tragende Wände Geschosse, Typ II	.... %		
Ausführung nicht tragende Wände Geschosse	.... %		
Fenster (Art, Material)	.....		
Türen (Art, Material)	.....		
Besonderheiten Fenster (Antriebe, Lüftung)	.....		
Sonnenschutz	☐ ja	☐ nein	Art: .....
	☐ Nord ☐ Ost ☐ Süd ☐ West		
Außenwandbekleidungen, außen Typ I	Geschoss:		
Außenwandbekleidungen, außen Typ II	Geschoss:		
Außenwandbekleidungen, innen Typ I	Geschoss:		
Außenwandbekleidungen, innen Typ II	Geschoss:		
sonstige Angaben	.....		

KG 340 INNENWÄNDE		
Ausführung tragende Wände UG	.....	
Ausführung tragende Wände Geschosse, Typ I[1]	..... %	
Ausführung tragende Wände Geschosse, Typ II[1]	..... %	
Ausführung nicht tragende Wände Geschosse, Typ I[1]	..... %	
Ausführung nicht tragende Wände Geschosse, Typ II[1]	..... %	
Ausführung nicht tragende Wände Geschosse, Typ III[1]	..... %	
Innenfenster (Art, Material)	.....	
Innentüren (Ort, Art, Material), Typ I[1]	.....	
Innentüren (Ort, Art, Material), Typ II[1]	.....	
Besonderheiten Türen (Antriebe, Sicherheit)	.....	
Innenwandbekleidungen, Typ I[1]	Bereich:	Art:
Innenwandbekleidungen, Typ II[1]	Bereich:	Art:
Innenwandbekleidungen, Typ III[1]	Bereich:	Art:
elementierte Innenwände (Glaswände, WC)	.....	
sonstige Angaben	.....	

[1] Bei einem Bauvorhaben wird es möglicherweise verschiedene Arten von Außen- und Innenwänden sowie Fenstern geben. Zur Unterscheidung werden sie mit Typ I, II, und III benannt. Die Zuordnung zu den Typenklassen kann der Planer frei wählen.

KG 350 DECKEN					
Konstruktion	überall	TG	KG	OG	.....
Ortbeton und Schalung	☐	☐	☐	☐	☐
Filigrandecken	☐	☐	☐	☐	☐
Fertigteil-Hohlkörperdecken	☐	☐	☐	☐	☐
Spannbetondecken	☐	☐	☐	☐	☐
Holzbalkendecken	☐	☐	☐	☐	☐
Stahlbetontreppen	☐	☐	☐	☐	☐
Stahltreppen	☐	☐	☐	☐	☐
Holztreppen	☐	☐	☐	☐	☐
Sonstiges	☐	☐	☐	☐	☐
Deckenbeläge (Untergrund)	TRH	TG	KG	OG	.....
Abdichtung	☐	☐	☐	☐	☐
Trittschall-, Wärmedämmung	☐	☐	☐	☐	☐
Gussasphalt	☐	☐	☐	☐	☐
Zementestrich, Anhydritestrich	☐	☐	☐	☐	☐
Trockenestrich	☐	☐	☐	☐	☐
Doppelboden	☐	☐	☐	☐	☐
Hohlraumboden	☐	☐	☐	☐	☐
Sonstiges	☐	☐	☐	☐	☐
Deckenbeläge (Oberfläche)	TRH	TG	KG	OG	.....
Gummi-, Textilbeläge	☐	☐	☐	☐	☐
Naturwerkstein	☐	☐	☐	☐	☐
Betonwerkstein, Fliesen	☐	☐	☐	☐	☐
Anstrich	☐	☐	☐	☐	☐
unbehandelt	☐	☐	☐	☐	☐
Sonstiges					
Deckenbekleidungen	TRH	TG	KG	OG	.....
unbehandelt (Sichtbeton)	☐	☐	☐	☐	☐
Putz	☐	☐	☐	☐	☐
Anstrich	☐	☐	☐	☐	☐

Abhangdecke geschlossen (GK-Decke)	☐	☐	☐	☐	☐
Rasterdecke	☐	☐	☐	☐	☐
Dämmung	☐	☐	☐	☐	☐
Sonstiges	☐	☐	☐	☐	☐
Decken, Sonstiges	**TRH**	**TG**	**KG**	**OG**	**.....**
.....	☐	☐	☐	☐	☐
.....	☐	☐	☐	☐	☐
.....	☐	☐	☐	☐	☐
.....	☐	☐	☐	☐	☐
.....	☐	☐	☐	☐	☐
.....	☐	☐	☐	☐	☐

KG 360 DÄCHER			
Dachkonstruktion		Anteil (%)	ergänzende Angaben
Steildach	☐		
Flachdach	☐		
Glasdach	☐		
Holztragwerk	☐		
Stahlkonstruktion	☐		
Stahlbeton	☐		
Sonstiges	☐		

Dachfenster			
Dachfenster, Öffnungen, RWA usw.	☐		
Dachbeläge			
Betondachstein, Dachziegel	☐		
Metalldeckung	☐		
Abdichtung (Bitumen, Kunststoff)	☐		
Gründach	☐		
Sonstiges	☐		
Dachbekleidungen			
Unbehandelt (Sichtbeton)	☐		
Putz	☐		
Anstrich	☐		
Abhangdecke, geschlossen (GK-Decke)	☐		
Rasterdecke	☐		
Dämmung	☐		
Sonstiges	☐		
Dächer, Sonstiges			
Geländer	☐		
Schutzgitter	☐		
Sonnenschutz	☐		
.....	☐		

KG 370 BAUKONSTRUKTIVE EINBAUTEN			
allgemeine Einbauten		Beschreibung	Ansatz netto (€)
Einbaumöbel	☐		
Bestuhlung (allgemeine Zweckbestimmung)	☐		

Podien	☐		
Tische (allgemeine Zweckbestimmung)	☐		
Theken	☐		
Schränke	☐		
Garderoben	☐		
Regale	☐		
Einbauküchen	☐		
Teeküchen	☐		
.....	☐		
	☐		
besondere Einbauten		Beschreibung	Ansatz netto (€)
Werkbänke	☐		
Labortische	☐		
Bühnenvorhänge	☐		
Einbausportgeräte	☐		
medizinische Einbauten	☐		
kirchliche Einbauten	☐		
.....	☐		
	☐		
baukonstruktive Einbauten		Beschreibung	Ansatz netto (€)
Rauchschutzvorhänge	☐		
Träger für Bühnen- und Lichttechnik	☐		
.....	☐		
.....	☐		

KG 390 SONSTIGE MASSNAHMEN FÜR BAUKONSTRUKTIONEN			
		pauschaler Ansatz (%)	Ansatz netto (€)
Baustelleneinrichtung, pauschal	☐		
Gerüste	☐		
Sicherungsmaßnahmen – Unterfangungen	☐		
Sicherungsmaßnahmen – Abstützungen	☐		
sonstige Sicherungsmaßnahmen	☐		
Abbruchmaßnahmen	☐		
ergänzende Angaben zum Abbruch	☐		
Instandsetzungsmaßnahmen	☐		
Materialentsorgung, Deponiegebühren	☐		
Personenschutz (SiGeKo-Auflagen)	☐		
Umweltschutz (Lärm, Wasser usw.)	☐		
Erschütterungsschutz	☐		
Winterbaumaßnahmen	☐		
sonstige zusätzliche Maßnahmen	☐		
provisorische Baukonstruktionen	☐		
.....	☐		
.....	☐		

KG 400 BAUWERK – TECHNISCHE ANLAGEN			
	Angabe Fachplaner	€/m² BGF	Ansatz netto (€)
KG 410 Abwasser-, Wasser-, Gasanlagen	☐		

KG 420 Wärmeversorgungs-anlagen	☐		
KG 430 lufttechnische Anlagen	☐		
KG 440 Starkstromanlagen	☐		
KG 450 Fernmelde- und informationstechnische Anlagen	☐		
KG 460 Förderanlagen	☐		
KG 470 nutzungsspezifische Anlagen	☐		
KG 480 Gebäudeautomation	☐		
KG 490 sonstige Maßnahmen für technische Anlagen	☐		
.....	☐		
.....	☐		

KG 500 AUSSENANLAGEN			
	Angabe Fachplaner	€/m^2 BGF	Ansatz netto (€)
KG 510 Geländeflächen	☐		
KG 520 befestigte Flächen	☐		
KG 530 Baukonstruktionen in Außenanlagen	☐		
KG 540 technische Anlagen in Außenanlagen	☐		
KG 550 Einbauten in Außenanlagen	☐		
KG 560 Wasserflächen	☐		
KG 570 Pflanz- und Saatflächen	☐		
KG 590 sonstige Außenanlagen	☐		
.....	☐		
.....	☐		

KG 600 AUSSTATTUNG UND KUNSTWERKE			
	Angabe Fachplaner	€/m² BGF	Ansatz netto (€)
KG 610 allgemeine Ausstattung	☐		
	☐		
	☐		
KG 620 Kunstwerke	☐		
	☐		
	☐		

KG 700 BAUNEBENKOSTEN			
Bauherrenaufgaben		% von KG …	Ansatz netto (€)
Projektleitung	☐		
Bedarfsplanung	☐		
Projektsteuerung	☐		
Bauherrenaufgaben, Sonstiges	☐		
Vorbereitung der Objektplanungen			
Untersuchungen	☐		
Wertermittlungen	☐		
städtebauliche Leistungen	☐		
landschaftsplanerische Leistungen	☐		
Architektur- und Ingenieurleistungen			
Gebäudeplanung	☐		
Freianlagenplanung	☐		

Planung der raumbildenden Ausbauten	☐		
Planung der Ingenieurbauwerke und Verkehrsanlagen	☐		
Tragwerksplanung	☐		
Planung der technischen Ausrüstung	☐		
Architekten- und Ingenieurleistungen, Sonstiges	☐		
Gutachten und Beratung			
thermische Bauphysik	☐		
Schallschutz und Raumakustik	☐		
Bodenmechanik, Erd- und Grundbau	☐		
Vermessung	☐		
Lichttechnik, Tageslichttechnik	☐		
Brandschutz	☐		
Sicherheits- und Gesundheitsschutzkoordination	☐		
Umweltschutz, Altlasten	☐		
Baukostenplanung, Baukostensteuerung	☐		
Gutachten und Beratung, Sonstiges	☐		
künstlerische Leistungen			
Kunstwettbewerbe	☐		
Honorare	☐		
künstlerische Leistungen, Sonstiges	☐		
Finanzierungskosten			
Finanzierungsbeschaffung	☐		
Fremdkapitalzinsen	☐		
Eigenkapitalzinsen	☐		
Finanzierungskosten, Sonstiges	☐		

allgemeine Baunebenkosten			
Prüfungen, Genehmigungen, Abnahmen	☐		
Bewirtschaftungskosten	☐		
Bemusterungskosten	☐		
Betriebskosten nach der Abnahme	☐		
Versicherungen	☐		
allgemeine Baunebenkosten, Sonstiges	☐		
sonstige Baunebenkosten			
sonstige Baunebenkosten	☐		

7.2 Checkliste Kostenermittlung Rohbau

Datum:

Projekt:		Teilnehmer:	
Bauort:			
Bauherr:			

UNTERLAGEN			
	beigefügt	folgt bis	entfällt
Lageplan	☐		☐
Bodengutachten	☐		☐
Statik (evtl. Vorstatik)	☐		☐
Grundrisse (M 1: .....)	☐		☐
Schnitte (M 1: .....)	☐		☐
Ansichten (M 1: .....)	☐		☐
Übersichtsplan Fenster, Sonnenschutz	☐		☐
Fassadenschnitt	☐		☐
Detailpläne	☐		☐
Entwässerungsplanung	☐		☐
Brandschutz	☐		☐
Schallschutz	☐		☐
Wärmeschutz	☐		☐
.....	☐		☐
.....	☐		☐
.....	☐		☐

SICHERHEITEN	
Sämtliche Mengen werden exakt auf Basis der vorliegenden Unterlagen und dieser Checkliste ermittelt. Werden dennoch zusätzliche Sicherheiten gewünscht, werden diese in der Kostenberechnung als solche kenntlich gemacht.	
Annahme Sicherheit	..... % der berechneten Kosten
Sämtliche Preisangaben sind ohne Mehrwertsteuer anzugeben.	

BAUSTELLENEINRICHTUNG			
Container Objektüberwachung	☐ ja	☐ nein	..... m^2
Bauzaun (Mobilzaun)	☐ ja	☐ nein	..... m
Bauzaun, geschlossen	☐ ja	☐ nein	..... m
Baustraßen	☐ ja	☐ nein	..... m^2
Sind besondere Genehmigungen notwendig?	☐ ja	☐ nein	.....
Kosten für die Nutzung fremder Flächen	☐ ja	☐ nein	..... €
Sind vorhandene Bäume zu schützen?		☐ nein	
	☐ ja	..... Stück alte Bäume	
	☐ ja	..... Stück junge Bäume	
	☐ ja	..... Stück	
	☐ ja	..... € pauschaler Ansatz	
Sonstiges	.....		

GERÜSTBAUARBEITEN	
Die Gerüstflächen werden über die Fassadenflächen berechnet und entsprechend der jeweiligen Anforderung kalkuliert.	
besondere Maßnahmen:	
☐ Schutznetze, wo?	.....
☐ Schutzplanen, wo?	.....
☐ Witterungsschutz, wo?	.....
Sonstiges	.....

ERDARBEITEN			
Baugelände abräumen	☐ ja	☐ nein	☐ ..... m^2
Bäume fällen	☐ ja	☐ nein	☐ ..... Stück
Mutterboden vorhanden?	☐ ja	☐ nein	☐ ..... cm
Bodenklasse	Klasse		☐ gem. Gutachten
Lagerung Aushub auf dem Grundstück	☐ ja	☐ nein	☐ teilweise ..... %
Höhenbezug	± 0,00 = ... üNN		
Maßnahmen zur Gründungsverbesserung	☐ ja	☐ nein	☐ gem. Gutachten
Belasteter Boden (LAGA Z ....)	☐ ja	☐ nein	☐ ..... m^3
Baugrubenverbau	☐ ja	☐ nein	Beschreibung: .....
Wasserhaltung	☐ ja	☐ nein	Beschreibung: .....

GRUNDLEITUNGEN			
zu kalkulieren bei	☐ Bauhauptgewerk		☐ Sanitär
Material	in der Baugrube	auf Grundstück	öffentlich
PVC	☐	☐	☐
Steinzeug	☐	☐	☐
.....	☐	☐	☐

DRÄNAGE			
umlaufende Ringdränage	☐ nein	☐ ja	.....
Flächendränage	☐ nein	☐ ja	.....
Anschluss an	.....		

GRÜNDUNG			
besondere Gründungsmaßnahmen	☐ nein	☐ ja	Art und Lage:
			.....
Unterfangungen	☐ nein	☐ ja	Art und Lage:
			.....
Tieferführungen	☐ nein	☐ ja	Art und Lage:
			.....

Einbauten			
Schacht für Hebeanlagen	☐ nein	☐ ja	Größe: .....
Schacht als Pumpensumpf	☐ nein	☐ ja	Größe: .....
Sonstiges	.....		
Untergrundsohle			
Sauberkeitsschicht Beton	☐ nein	☐ ja	..... cm
Kiesfilterschicht und Folie	☐ nein	☐ ja	..... cm
Dämmung der Sohle	☐ nein	☐ ja	..... cm / WLG .....
Dämmung nur im Randbereich ..... m	☐ nein	☐ ja	..... cm / WLG .....

ABDICHTUNG			
Lastfall nach DIN 18531 bis 18535	Bodenfeuchte		☐
	nicht drückendes Wasser		☐
	von außen drückendes Wasser		☐
	von innen drückendes Wasser		☐
Abdichtungssystem	Sohle	Außen-wände	.....
Weiße Wanne – WU-Beton	☐	☐	☐
Weiße Wanne –	☐	☐	☐
Dickbeschichtung KMB	☐	☐	☐
Schweißbahn	☐	☐	☐
.....	☐	☐	☐
.....	☐	☐	☐
Fugenausbildung			
.....			
.....			

Dränung bzw. Schutzschichten			
Noppenbahn, ☐ mit Vlies / ☐ ohne Vlies			
☐ Perimeterdämmung mit Dränung	..... cm	WLG	.... W/(m^2 · K)
☐ Perimeterdämmung ohne Dränung	..... cm	WLG	.... W/(m^2 · K)

WÄNDE					
Wände aus Beton	TRH	TG	KG	OG	.....
Beton C ...../..... XC..... XF.....	☐	☐	☐	☐	☐
Beton C ...../..... XC..... XF.....	☐	☐	☐	☐	☐
Beton C ...../..... XC..... XF.....	☐	☐	☐	☐	☐
Sonderschalung SB-Klasse	☐	☐	☐	☐	☐
Filigranwände	☐	☐	☐	☐	☐
Fertigteilwände	☐	☐	☐	☐	☐
Dreischichtwände mit Dämmung	☐	☐	☐	☐	☐
.....	☐	☐	☐	☐	☐
.....	☐	☐	☐	☐	☐
.....	☐	☐	☐	☐	☐
Wände aus Mauerwerk	TRH	TG	KG	OG	.....
KS Festigkeit: ..... Rohdichte:	☐	☐	☐	☐	☐
KS Festigkeit: ..... Rohdichte:	☐	☐	☐	☐	☐
Porenbeton PPW	☐	☐	☐	☐	☐
Ziegel Typ	☐	☐	☐	☐	☐
Ziegel Typ	☐	☐	☐	☐	☐
Hohlblock	☐	☐	☐	☐	☐
.....	☐	☐	☐	☐	☐
.....	☐	☐	☐	☐	☐

Trockenbauwände	TRH	TG	KG	OG	.....
Gipsbauplatten/Vollgipsdielen	☐	☐	☐	☐	☐
Metallständerwände, einfach beplankt	☐	☐	☐	☐	☐
Metallständerwände, zweifach beplankt	☐	☐	☐	☐	☐
.....	☐	☐	☐	☐	☐
.....	☐	☐	☐	☐	☐

SCHORNSTEIN			
Schornstein aus Fertigelementen	☐ nein	☐ ja	Fabrikat: .....
Querschnitt	..... cm × ..... cm		
Schornsteinkopfausbildung	Fertigteil	☐ nein	☐ ja
	Verkleidung Dachdecker	☐ nein	☐ ja
	Verblendung	☐ nein	☐ ja
Sonstiges	.....		

DECKEN					
	TG	KG	OG	DG	.....
Beton C ...../..... XC..... XF.....	☐	☐	☐	☐	☐
Beton C ...../..... XC..... XF.....	☐	☐	☐	☐	☐
Beton C ...../..... XC..... XF.....	☐	☐	☐	☐	☐
Sonderschalung SB-Klasse	☐	☐	☐	☐	☐
Filigrandecken ..... cm und Aufbeton	☐	☐	☐	☐	☐
Fertigteil-Hohlkörperdecke	☐	☐	☐	☐	☐

Abschalung der Außenwände	TG	KG	OG	DG	.....
nur Schalung	☐	☐	☐	☐	☐
Schalung und Dämmung ..... cm	☐	☐	☐	☐	☐
Schalungssteine auf Mauerwerk	☐	☐	☐	☐	☐
Holzbalkendecke	☐	☐	☐	☐	☐
Ziegeldecke	☐	☐	☐	☐	☐
Porenbetondecke	☐	☐	☐	☐	☐

TREPPEN					
Treppenläufe	außen	TG	UG	OG	...
Ortbeton und Schalung	☐	☐	☐	☐	☐
Fertigteilläufe	☐	☐	☐	☐	☐
.....	☐	☐	☐	☐	☐
Zwischenpodeste	außen	TG	UG	OG	...
Ortbeton und Schalung	☐	☐	☐	☐	☐
Fertigteilpodeste	☐	☐	☐	☐	☐
.....	☐	☐	☐	☐	☐
Schalldämmung Treppenläufe (Tronsolen)	☐	☐	☐	☐	☐
Schalldämmung Podeste (Tronsolen)	☐	☐	☐	☐	☐

BALKONE		
Anschluss	☐ thermisch getrennt mit	☐ Isokorb, Typ:
		☐ .....
	☐ nicht thermisch getrennt	☐ Dämmung oben und unten
		☐ .....
Balkonplatte	☐ Ortbeton und Schalung	☐ mit Aufkantung
	☐ Fertigteil (4 cm + Aufbeton)	☐ mit Aufkantung
	☐ Fertigteilelement	☐ mit Aufkantung
		☐ WU-Beton
Gefälle	☐ mit Beton (nass in nass)	☐ .....
	☐ Gefälleestrich	
	☐ Gefälledämmung	
Dämmung	☐ EPS ☐ XPS	☐ PUR ☐ VIP ☐ keine
Abdichtung	☐ Folie	☐ Bitumen ☐ Flüssigkunststoff
	☐	
Drainrinnen	☐ vor Türen	☐ vor bodentiefen Fenstern
	☐	
Belag	Material:	Auflager: .....
	Preis: ..... €/m²	

EINBAUTEILE, BEWEHRUNG, SONSTIGES			
Hausanschluss	☐ Wasser ☐ Strom	☐ Gas	☐ .....
Dichtung gegen	☐ drückendes Wasser	☐ Bodenfeuchte	
	☐		
Kellerfenster	☐ Fertigteilelement	☐ normale Fenster	☐ .....
Lichtschächte	☐ PVC	☐ Betonfertigteil	☐ Ortbeton
	☐ Gitterrost normal	☐ Gitterrost befahrbar:	(Wo?) .....
Wärmedämmung	☐ unter Decke KG	Material:	
	☐ unter Decke TG	Material:	
	☐	Material:	
Trennfugen	Gebäudetrennfuge	☐ Mineralfaser	
		☐ EPS	
Bewehrung	Fundamente	☐ 0,06 t/m^3	☐ ..... t/m^3
	Bodenplatte nicht tragend	☐ 0,05 t/m^3	☐ ..... t/m^3
	Fundamentplatte	☐ 0,075 t/m^3	☐ ..... t/m^3
	Fundamentplatte, wu	☐ 0,11 t/m^3	☐ ..... t/m^3
	Fundamentstützen	☐ 0,245 t/m^3	☐ ..... t/m^3
	Wände	☐ 0,075 t/m^3	☐ ..... t/m^3
	Wände, wu	☐ 0,12 t/m^3	☐ ..... t/m^3
	Stützen	☐ 0,25 t/m^3	☐ ..... t/m^3
	Unterzüge, Balken	☐ 0,24 t/m^3	☐ ..... t/m^3
	Decken	☐ 0,09 t/m^3	☐ ..... t/m^3
	.....		☐ ...... t/m^3
	.....		☐ ...... t/m^3
	Durchstanzbewehrung	Typ:	Stück: .....

Anker-schienen	Wo?	Typ:	Anzahl: .....
	Wo?	Typ:	Anzahl: .....
	Wo?	Typ:	Anzahl: .....
Sonstiges	.....		

Kern-bohrungen	∅ ..... mm	Anzahl:	☐ Beton	☐ MW
	∅ ..... mm	Anzahl:	☐ Beton	☐ MW
	∅ ..... mm	Anzahl:	☐ Beton	☐ MW
	∅ ..... mm	Anzahl:	☐ Beton	☐ MW

FLACHDACH			
Aufbau	☐ gem. Detail	☐ beigefügt	☐ folgt bis: .....
Ausführung	☐ Warmdach	☐ Umkehrdach	☐ Kaltdach
Gefälle	☐ in UK	☐ Gefälleestrich	
	☐ Gefälledämmung	☐	
Material	Dicke ..... mm		
	☐ EPS	☐ XPS	☐ PUR
	☐ MW	☐ VIP	☐ Foamglas
Abdichtung	☐ Bitumen	☐ Folie	☐ ..... mit Auflast
			☐ ..... verklebter Aufbau
			☐..... mechanisch befestigt
	☐ Metalldach	☐	
Auflast	☐ Kies ..... cm	☐ Dachbegrünung	☐ Plattenbelag
	☐ Teilbereich als	(Wo?)	

sonstige Infos:	.....				
	.....				
Dachrand	☐ gem. Detail	☐ beigefügt		☐ folgt bis:	
Metallblende	Material:		Bereich:		
	Material:		Bereich:		
	Material:		Bereich:		
Metallabdeckung	Material:		Bereich:		
	Material:		Bereich:		
	Material:		Bereich:		
Lichtkuppeln	Abmessung		Ausführung		Einbauort/ Anzahl
	☐ gem. Zeichnung		☐ starr		.....
	☐ 100/100		☐ mechanisch öffnen		.....
	☐ 120/120		☐ elektrisch öffnen		.....
	☐ 150/150		☐ mit Lüfterrahmen		.....
	☐ ....../......		☐ als Dachausstieg		.....
RWA	☐ ....../......		☐		.....
	☐ ....../......		☐		.....
	☐ ....../......		☐		.....
Gullys	Stück	Fabrikat	Typ	*d*	Einbauort
	.....	.....	.....	.....	.....
	.....	.....	.....	.....	.....
	.....	.....	.....	.....	.....

STEILDACH			
Unterdach: gem. Fachregel			
☐ Klasse 1 wasserdichtes Unterdach			
☐ Klasse 2 regensicheres Unterdach			
☐ Klasse 3 Unterdeckung (nahtgesichert)			
☐ Klasse 4 Unterdeckung (verklebt)			
☐ Klasse 5 Unterdeckung (überlappt)			
☐ Klasse 6 Unterspannung			
Ausführung/Material:			
Eindeckung	Hersteller/Typ	Farbe	Einbauort
☐ Betondachstein	.....	.....	.....
☐ Tonziegel	.....	.....	.....
☐ Faserzement-platten	.....	.....	.....
☐ Wellplatten	.....	.....	.....
☐ Metalldach	.....	.....	.....
☐ Verklammern	☐ jeden Dritten	☐ jeden Fünften	☐.....

Traufe	
☐ gem. Detail	☐ Schalung auf Sparren
☐ Schalung unter Sparren	☐ Traufblende, aus:
☐	
Ortgang	
☐ gem. Detail	☐ Schalung auf Sparren
☐ Schalung unter Sparren	☐ Zinklech
☐	

Dachflächenfenster	Hersteller/Typ	Größe	Besonderheit
..... Stück	.....	.....	.....
..... Stück	.....	.....	.....
..... Stück	.....	.....	.....
Dachgauben – Dachfläche			
☐ Dachstein, -ziegel	☐ Folie	☐ Bitumendachbahn	
☐ Kupfer	☐ Zinkblech	☐	
Dachgauben – senkrechte Flächen			
☐ Dachstein, -ziegel	☐ Zinkblech	☐ Kupfer	
☐ Trespa	☐ Faserzement	☐	
Entwässerung			
Material:	☐ Zinkblech	☐ Kupfer	☐ Aluminium
Lage:	☐ Hängerinne	☐ innenliegend	
Form:	☐ halbrund	☐ Kastenrinne	
Besonderheiten:	.....		

FENSTER	☐ pauschaler Ansatz ..... €/m^2			
Material	☐ Kunststoff	☐ Aluminium	☐ Stahl	☐ Holz/Alu
Holz:	☐ Meranti	☐ Fichte/Kiefer	☐ Lärche	☐ ......
Farbe	Rahmen innen:	☐ weiß	☐ RAL	☐ ......
	Rahmen außen:	☐ weiß	☐ RAL	☐ ......
	Flügel innen:	☐ weiß	☐ RAL	☐ ......
	Flügel außen:	☐ weiß	☐ RAL	☐ ......

Verglasung	U_g-Wert: ..... W/(m² · K)			
☐ Sonnenschutzverglasung		☐ Strukturglas Bad/WC		
☐ einbruchhemmende Verglasung:		☐ KG	☐ EG	☐ OG
☐ bodentiefe Elemente in ESG		☐ bodentiefe Elemente in VSG		
Schallschutz	Lärmpegelbereich: ..... erf. $R`_{w, res}$ ..... dB			
	☐ keine Angaben			
Sonderausstattung	.....			
Fensterbänke	außen:	innen:		

AUSSENTÜREN	☐ pauschaler Ansatz ..... €/m²			
Material	☐ Kunststoff	☐ Aluminium	☐ Stahl	☐ Holz/Alu
Holz:	☐ Meranti	☐ Fichte/ Kiefer	☐ Lärche	☐ .....
Farbe	Rahmen innen:	☐ weiß	☐ RAL	☐ .....
	Rahmen außen:	☐ weiß	☐ RAL	☐ .....
	Flügel innen:	☐ weiß	☐ RAL	☐ .....
	Flügel außen:	☐ weiß	☐ RAL	☐ .....
Füllung	☐ Glas	☐ Glaspaneel	☐ Alupaneel	
	☐ Holz	☐ Kunststoff	☐	
Türantrieb	.....			
	pauschaler Ansatz:	..... €/Stück	Anzahl:	
Sonderausstattung	.....			
Briefkastenanlage	☐ im Seitenteil	☐ auf der Wand	☐ in der Wand	
	☐ freistehend	☐ pauschaler Ansatz	..... €	
Vordach	Ausführung:		..... €/Stück	

SONNENSCHUTZ			
☐ Rollladen	☐ überall	☐ nur EG	☐ .....
Rollladenkasten:	☐ Aufsatz-element	☐ MW-Fertigteil	☐ Vorbau-rollladen
Materialbehang:	☐ Kunststoff	☐ Aluminium	☐ Holz
Antrieb:	☐ Gurt	☐ Kurbel	☐ Elektro-motor
Sonderausstattung:	.....		
☐ Raffstore	☐ überall	☐ nur S, W, O	☐ .....
Abdeckung:	☐ integriert	☐ Alublende	☐ .....
Steuerung:	☐ Einzelraum	☐ Gruppen	☐ zentral
	☐ Wind-wächter	☐ Sonnen-wächter	☐ .....
☐ sonstiger Sonnenschutz	.....		

TORANLAGEN			
System:	☐ Schwingtor	☐ Sektionaltor	☐ Rolltor
	☐ Rollgitter	☐	
Antrieb:	☐ manuell	☐ Elektronantrieb	
Sonstiges	.....		

FASSADE		
Sockel		
☐ Perimeterdämmung ..... cm	☐ .... cm	
☐ Sockelputz	☐ Buntsteinputz	☐ Flachverblender
☐	☐ Verblender: €/1.000 Stück:	
Putz ☐ ja ☐ nein	Bereich:	
System:	☐ Putz, zweilagig	☐ Wärmedämmputz
	☐ WDVS	

Dämmung:	☐ Polystyrol	☐ Mineralwolle	
	☐ MW-Lamelle	☐ Dämmung dübeln	
	Stärke: ..... cm	WLG ..... W/(m²·K)	
Oberputz:	☐ mineralisch	☐ organisch	
	☐ eingefärbt	☐ dunkle Tönung	
	☐ zusätzlicher Anstrich	☐	
Verblendung ☐ ja ☐ nein		Bereich:	
Dämmung:	Stärke: ..... cm	WLG ..... W/(m²·K)	
	Luftschicht ..... cm		
Steinmaterial:	€/1.000 Stück:		
Format	☐ DF	☐ NF	☐ .....
Rollschichten:	☐ über Fenster	☐ als Fertigteil	☐ .....
Fensterbänke:	☐ als Rollschicht	☐ Naturstein	☐ ....€/m
vorgehängte Fassade ☐ ja ☐ nein		Bereich:	
Dämmung:	Stärke: ..... cm	WLG ..... W/(m²·K)	
	Luftschicht ..... cm		
Art der Bekleidung:	☐ Holz	☐ Metallfassade	
	☐ Faserzement – kleinflächig	☐ Faserzement – großflächig	
	☐ Natursteinfassade	☐	
Material:	.... €/m²		
Oberfläche:	.....		

7.3 Checkliste Kostenermittlung Ausbau

Datum:

Projekt:		Teilnehmer:	
Bauort:			
Bauherr:			

UNTERLAGEN			
	beigefügt	folgt bis	entfällt
Lageplan	☐		☐
Statik (evtl. Vorstatik)	☐		☐
Grundrisse (M 1: .....)	☐		☐
Schnitte (M 1: .....)	☐		☐
Ansichten (M 1: .....)	☐		☐
Fassadenschnitt	☐		☐
Detailpläne	☐		☐
Brandschutz	☐		☐
Schallschutz	☐		☐
Wärmeschutz	☐		☐
.....	☐		☐
.....	☐		☐

SICHERHEITEN	
Sämtliche Mengen werden exakt auf Basis der vorliegenden Unterlagen und dieser Checkliste ermittelt. Werden dennoch zusätzliche Sicherheiten gewünscht, werden diese in der Kostenberechnung als solche kenntlich gemacht.	
Annahme Sicherheit	..... % der berechneten Kosten
Sämtliche Preisangaben sind ohne Mehrwertsteuer anzugeben.	

DACHGESCHOSSAUSBAU			
Dämmung	mm	WLG	Material
☐ Zwischensparrendämmung	.....	.....	.....
☐ Untersparrendämmung	.....	.....	.....
☐ Aufsparrendämmung	.....	.....	.....
Dampfsperre	☐ PE-Folie	☐ Klimamembran	
	☐		
Bekleidung	überall	TRH	.....
ohne Brandschutz	☐	☐	☐
F 30	☐	☐	☐
F 90	☐	☐	☐
Besonderheiten:	.....		

FESTLEGUNG DES AUSBAUSTANDARDS	
Sämtliche Flächen, die nicht gesondert beschrieben werden, erhalten den nachfolgenden Standard. Es ist sinnvoll, die Ausführung als Standard zu wählen, die mengenmäßig überwiegt. Vom Standard abweichende Ausführungen werden in den Raumbüchern aufgeführt. Es ist für jede Ebene ein Standard festzulegen.	
Tiefgarage	
Decke	
Untergrund:	.....
Oberfläche:	.....
Boden	
Untergrund:	.....
Oberfläche:	.....

Sockel	
Sockelausführung:	.....
Wand	
Untergrund:	.....
Oberfläche:	.....
Kellerräume	
Decke	
Untergrund:	.....
Oberfläche:	.....
Boden	
Untergrund:	.....
Oberfläche:	.....
Sockel	
Sockelausführung:	.....
Wand	
Untergrund:	.....
Oberfläche:	.....
Erdgeschoss	
Decke	
Untergrund:	.....
Oberfläche:	.....
Boden	
Untergrund:	.....
Oberfläche:	.....
	☐ ..... €/m^2
Sockel	
Sockelausführung:	.....
Wand	
Untergrund:	.....
Oberfläche:	.....

Obergeschosse	
Decke	
Untergrund:	.....
Oberfläche:	.....
Boden	
Untergrund:	.....
Oberfläche:	.....
	☐ ..... €/m²
Sockel	
Sockelausführung:	.....
Wand	
Untergrund:	.....
Oberfläche:	.....
Dachgeschoss/Staffelgeschoss	
Decke	
Untergrund:	.....
Oberfläche:	.....
Boden	
Untergrund:	.....
Oberfläche:	.....
	☐ ..... €/m²
Sockel	
Sockelausführung:	.....
Wand	
Untergrund:	.....
Oberfläche:	.....

RAUMBÜCHER		
In den Raumbüchern werden nur die Qualitäten beschrieben, die vom Standard abweichen. Es gilt: Gesamt minus Besonderes gleich Rest. Im Folgenden sind einige Räume aufgeführt, die in der Regel immer vom Standard abweichen. Anschließend könne sonstige besondere Räume mit abweichendem Standard definiert werden.		
Treppenhaus		
Decke		
Untergrund:	☐ Standard	
	☐	
Oberfläche:	☐ Standard	
	☐	
Boden Hauptpodest		
Untergrund:	☐ Standard	
	☐	
Oberfläche:	☐ Standard	☐ ..... €/m²
	☐	
Boden Zwischenpodest		
Untergrund:	☐ Standard	☐ wie Hauptpodest
	☐	
Oberfläche:	☐ Standard	☐ wie Hauptpodest
	☐	
Sockel		
Hauptpodest:	☐ Standard	☐ .....
Zwischenpodest:	☐ Standard	☐ wie Hauptpodest
Stufen:	☐ Standard	☐ wie Hauptpodest

Treppenlauf			
Treppenuntersicht:	Untergrund:		
	Oberfläche:		
Treppenwangen:	Untergrund:		
	Oberfläche:		
Treppenstufen:	☐		☐ wie Hauptpodest
	☐ ..... €/m		
Sonstiges:	☐ Gleitschutz-profil		☐ .....
Geländer			
Treppengeländer:	☐ ..... €/m		☐ .....
Brüstungsgeländer:	☐ ..... €/m		☐ .....
Handlauf:	☐ nein	☐ ..... €/m	☐ .....
Sonstiges			
Schallschutz:	☐ ohne		☐ Tronsolen Lauf
	☐ Tronsolen Podest		☐ Wangen
Sauberlauf:	☐ ohne		☐ ..... × ..... m
	☐		☐ ..... €/m^2
Wand			
Untergrund:	☐ Standard		
	☐		
Oberfläche:	☐ Standard		
	☐		

Badezimmer		
Decke		
Untergrund:	☐ Standard	
	☐	
Oberfläche:	☐ Standard	
	☐	
Boden		
Untergrund:	☐ Standard	
	☐	
Oberfläche:	☐ Standard	☐ ..... €/m^2
	☐	
Abdichtung:	☐ keine	☐ Flächenabdichtung
Sockel		
	☐ Standard	☐ nur Teilbereiche
	☐	
Wand		
Untergrund:	☐ Standard	
	☐	
Oberfläche:	☐ Standard	☐ ..... €/m^2
	☐	
	☐ Fliesenhöhe bis ..... m	
	☐ nur Teilbereich:	

Innentüren					
Türhöhen	**KG**	**Neben-räume**	**allgemein**	**.....**	**.....**
200,0 cm	☐	☐	☐	☐	☐
212,0 cm	☐	☐	☐	☐	☐
.... cm	☐	☐	☐	☐	☐
Oberlicht	☐	☐	☐	☐	☐
Türblätter	**KG**	**Neben-räume**	**Woh-nungsein-gang**	**.....**	**.....**
Röhrenspan:	☐	☐	☐	☐	☐
Vollspan:	☐	☐	☐	☐	☐
Glas:	☐	☐	☐	☐	☐
Schallschutz 32 dB:	☐	☐	☐	☐	☐
Schallschutz 37 dB:	☐	☐	☐	☐	☐
Schallschutz 42 dB:	☐	☐	☐	☐	☐
Sicherheit ET 1:	☐	☐	☐	☐	☐
Sicherheit ET 2:	☐	☐	☐	☐	☐
Zinkaltüren:	☐	☐	☐	☐	☐
..... €/Blatt:	☐	☐	☐	☐	☐
.....	☐	☐	☐	☐	☐

Küche		
Decke		
Untergrund:	☐ Standard	
	☐	
Oberfläche:	☐ Standard	
	☐	
Boden		
Untergrund:	☐ Standard	
	☐	
Oberfläche:	☐ Standard	☐ ..... €/m^2
	☐	
Abdichtung:	☐ keine	☐ Flächenabdichtung
Sockel		
	☐ Standard	☐ nur Teilbereiche
	☐	
Wand		
Untergrund:	☐ Standard	
	☐	
Oberfläche:	☐ Standard	
	☐	
	☐ Fliesen-spiegel .... m	☐ ..... €/m^2
Raum		
Decke		
Untergrund:	☐ Standard	
	☐	
Oberfläche:	☐ Standard	
	☐	

Boden		
Untergrund:	☐ Standard	
	☐	
Oberfläche:	☐ Standard	☐ ..... €/m²
	☐	
Abdichtung:	☐ keine	☐ Flächenabdichtung
Sockel		
	☐ Standard	☐ nur Teilbereiche
	☐	
Wand		
Untergrund:	☐ Standard	
	☐	
Oberfläche:	☐ Standard	
	☐	
Besonderheiten:	.....	

Innentüren					
Türhöhen	**KG**	**Neben-räume**	**allgemein**	.....	.....
200,0 cm	☐	☐	☐	☐	☐
212,0 cm	☐	☐	☐	☐	☐
……. cm	☐	☐	☐	☐	☐
Oberlicht	☐	☐	☐	☐	☐
Türblätter	**KG**	**Neben-räume**	**Woh-nungsein-gang**	.....	.....
Röhrenspan:	☐	☐	☐	☐	☐
Vollspan:	☐	☐	☐	☐	☐
Glas:	☐	☐	☐	☐	☐
Schallschutz 32 dB:	☐	☐	☐	☐	☐
Schallschutz 37 dB:	☐	☐	☐	☐	☐
Schallschutz 42 dB:	☐	☐	☐	☐	☐
Sicherheit ET 1:	☐	☐	☐	☐	☐
Sicherheit ET 2:	☐	☐	☐	☐	☐
Zinkaltüren:	☐	☐	☐	☐	☐
..... €/Blatt:	☐	☐	☐	☐	☐
.....	☐	☐	☐	☐	☐

7.4 Kostenkennwerte

KG 310 BAUGRUBE			
Baugrubenaushub mit Hinterfüllung, Lagermaterial			
Element	**Preis (€)**	**Anteil am GE (%)**	**Anteil (€/m² bzw. m³)**
Oberboden abtragen, seitl. lagern	8,98	10	0,90
Oberboden abtragen, entsorgen	24,38	10	2,44
Baugrubenaushub, Bkl. 3–5, entsorgen	18,90	70	13,23
Baugrubenaushub, Bkl. 3–5, lagern	15,40	30	4,62
Arbeitsraum verfüllen, Lagermaterial	18,90	30	5,67
Makroelement €/m²			**26,86**
Baugrubenaushub mit Hinterfüllung, Liefermaterial			
Element	**Preis (€)**	**Anteil am GE (%)**	**Anteil (€/m² bzw. m³)**
Oberboden abtragen, seitl. lagern	8,98	10	0,90
Oberboden abtragen, entsorgen	24,38	10	2,44
Baugrubenaushub, Bkl. 3–5, entsorgen	18,90	100	18,90
Baugrubenaushub, Bkl. 3–5, lagern	15,40	30	4,62
Arbeitsraum verfüllen, Füllkies	25,20	30	7,56
Makroelement €/m²			**34,42**

Baugrubenaushub mit Verbau, Trägerbohlwand			
Element	**Preis (€)**	**Anteil am GE (%)**	**Anteil (€/m² bzw. m³)**
Oberboden abtragen, entsorgen	24,38	15	3,66
Baugrubenaushub, Bkl. 3–5, entsorgen	18,90	100	18,90
Baugrubenverbau, Trägerbohlwand	182,20	30	54,66
Arbeitsraum verfüllen, Füllkies	25,20	15	3,78
Makroelement €/m²			**81,00**

KG 320 GRÜNDUNG			
Fundamentplatte, Abdichtung, Dämmung, Estrich, Belag			
Element	**Preis (€)**	**Anteil am GE (%)**	**Anteil (€/m² bzw. m³)**
Bodenbeschichtung, Schmutzband	21,00	10	2,10
Bodenfliesen, Feinsteinzeug, Sockelfliesen	71,00	10	7,10
Linoleumbelag, Sockel	36,00	60	21,60
Estrich CT 20-S 50, GS200S4, PS 120 mm, KH = 180 mm	42,10	80	33,68
Fundamentplatte C25/30, d = 25 cm	93,50	100	93,50
Makroelement €/m²			**157,98**

Fundamentplatte wu, Abdichtung, Dämmung, Estrich, Belag			
Element	**Preis (€)**	**Anteil am GE (%)**	**Anteil (€/m² bzw. m³)**
Bodenbeschichtung, Schmutzband	21,00	10	2,10
Bodenfliesen, Feinsteinzeug, Sockelfliesen	71,00	20	14,20
PVC-Belag, Sockel	30,00	50	15,00
Estrich CT 20-S 50, GS200S4, PS 70 mm, KH = 120 mm	37,90	80	30,32
Fundamentplatte C25/30 wu, d = 30 cm	115,80	100	115,80
Makroelement €/m²			**177,42**

Bodenplatte, Str.-Fund., Abdichtung, Dämmung, Estrich, Belag			
Element	**Preis (€)**	**Anteil am GE (%)**	**Anteil (€/m² bzw. m³)**
Bodenbeschichtung, Schmutzband	21,00	10	2,10
Bodenfliesen, Feinsteinzeug, Sockelfliesen	71,00	20	14,20
PVC-Belag, Sockel	30,00	50	15,00
Estrich CT 20-S 50, GS200S4, PS 70 mm, KH = 120 mm	37,90	80	30,32
Bodenplatte C25/30, d = 20 cm, Kiesfilterschicht	85,00	100	85,00

Element	Preis (€)	Anteil am GE (%)	Anteil (€/m² bzw. m³)
Streifenfundament C20/25, 50 cm × 60 cm	99,00	45	44,55
Makroelement €/m²			**191,17**
Bodenplatte gedämmt, Str.-Fund., Abdichtung, Dämmung, Estrich, Belag			
Element	**Preis (€)**	**Anteil am GE (%)**	**Anteil (€/m² bzw. m³)**
Bodenbeschichtung, Schmutzband	21,00	10	2,10
Bodenfliesen, Feinsteinzeug, Sockelfliesen	71,00	20	14,20
Fertigparkett Buche, Sockel	105,00	50	52,50
Estrich CT 20-S 50, GS200S4, PS 70 mm, KH = 120 mm	37,90	80	30,32
Bodenplatte C25/30, d = 20 cm, Kiesfilterschicht, XPS 80 mm	117,50	100	117,50
Streifenfundament C20/25, 50 cm × 60 cm, Randdämmung XPS	119,20	45	53,64
Makroelement €/m²			**270,26**
Passivhaus: Bodenplatte gedämmt, Str.-Fund., Abdichtung, Dämmung, Estrich, Belag			
Element	**Preis (€)**	**Anteil am GE (%)**	**Anteil (€/m² bzw. m³)**
Bodenbeschichtung, Schmutzband	21,00	5	1,05
Bodenfliesen, glasiert, Sockelfliesen	75,00	25	18,75

Fertigparkett Eiche, Sockel	102,00	50	51,00
Estrich CT 20-S 50, GS200S4, PS 100 mm, KH = 150 mm	39,00	80	31,20
Bodenplatte C25/30, $d = 20$ cm, Kiesfilterschicht, XPS 140 mm	130,00	100	130,00
Streifenfundament C20/25, 50 cm × 60 cm, Randdämmung XPS	130,00	45	58,50
Makroelement €/m²			**290,50**

KG 330 AUSSENWÄNDE			
Kelleraußenwand, StB wu, Perimeterdämmung, I-Putz, Fenster/ Lichtschacht			
Element	**Preis (€)**	**Anteil am GE (%)**	**Anteil (€/m² bzw. m³)**
Disp., scheuerbeständig	5,50	90	4,95
Gipsputz, geglättet	15,90	90	14,31
Außenwand STB. wu, C25/30, $d = 30$ cm	152,00	100	152,00
Perimeterdämmung, $d = 100$ mm	32,60	100	32,60
Kellerfenster, Kunststoff, Isolierverglasung, Lichtschacht	540,00	5	27,00
Makroelement €/m²			**230,86**

Kelleraußenwand, KS, Abdichtung gegen nicht drückendes Wasser, Perimeterdämmung, I-Putz, Fenster/Lichtschacht			
Element	**Preis (€)**	**Anteil am GE (%)**	**Anteil (€/m² bzw. m³)**
Disp., scheuerbeständig	5,50	90	4,95
Gipsputz, geglättet	15,90	90	14,31
Außenwand, KS, $d = 36{,}5$ cm	98,00	100	98,00
Abdichtung gegen nicht drückendes Wasser, KMB	25,30	110	27,83
Perimeterdämmung, $d = 100$ mm	32,60	100	32,60
Kellerfenster, Kunststoff, Isolierverglasung, Lichtschacht	540,00	5	27,00
Makroelement €/m²			**204,69**

Außenwand, monolithisch, HLz-gedämmt, Dämmputz, I-Putz, Tapete, Besch., Kunststofffenster, Rollläden			
Element	**Preis (€)**	**Anteil am GE (%)**	**Anteil (€/m² bzw. m³)**
Raufaser, Disp., scheuerbeständig	12,90	68	8,77
Wandfliesen, uni, 10 cm × 20 cm	65,30	7	4,57
Gipsputz, geglättet	15,90	75	11,93
HLz 6–0,8, gedämmt, $d = 36{,}5$ cm	134,80	80	107,84
Wärmedämmputz, mineralisch, 50 mm	43,00	80	34,40
Haustür, Kunststoff	2.100,00	1	21,00

Fenster, KST, U_g = 1,0	365,00	19	69,35
LM-Rollladen, manuell	170,00	18	30,60
Makroelement €/m²			**288,46**
Außenwand, KS, *d* = 17,5 cm, WDVS, PS, I-Putz, Tapete, Besch., Kunststofffenster, Rollläden			
Element	**Preis (€)**	**Anteil am GE (%)**	**Anteil (€/m² bzw. m³)**
Raufaser, Disp., scheuerbeständig	12,90	68	8,77
Wandfliesen, uni, 10 cm × 20 cm	65,30	7	4,57
Gipsputz, geglättet	15,90	75	11,93
Außenwand KS, *d* = 17,5 cm	60,70	80	48,56
WDVS, PS, 140 mm, mineralischer Oberputz	83,20	80	66,56
Haustür, Kunststoff	2.100,00	1	21,00
Fenster, KST, U_g = 1,0	365,00	19	69,35
LM-Rollladen, manuell	181,00	18	32,58
Makroelement €/m²			**263,32**
Außenwand, KS, *d* = 17,5 cm, vorgehängte Fassade, I-Putz, Vlies, Besch., Aluminiumfenster, Raffstore			
Element	**Preis (€)**	**Anteil am GE (%)**	**Anteil (€/m² bzw. m³)**
Malervlies, Disp., scheuerbeständig	14,60	60	8,76
Wandfliesen, uni, 10 cm × 20 cm	65,30	5	3,27
Gipsputz, Q3, geglättet	18,20	65	11,83

KS, d = 17,5 cm	60,70	70	42,49
vorgehängte, hinterlüftete Fassade, 140 mm, WD, HPL-Bekl.	195,40	70	136,78
Haustür, Aluminium	3.380,00	1	33,80
Fenster, Aluminium, U_g= 1,1, 1.400 mm × 1.400 mm	895,00	30	268,50
Raffstore, U-Blende, Steuerung	152,00	29	44,08
Makroelement €/m²			**549,51**
Außenwand, Holz, MW zwischen Ständerwerk, Schalung, GK-Bekl., Besch., Holzfenster, Rollladen			
Element	**Preis (€)**	**Anteil am GE (%)**	**Anteil (€/m² bzw. m³)**
Malervlies, Disp., scheuerbeständig	14,60	75	10,95
Wandfliesen, uni, 10 cm × 20 cm	65,30	5	3,27
GK-Bekl., Lattung, Installationsebene gedämmt	34,00	80	27,20
Holzständer, d = 18 cm, MW 200 mm, Holzwerkstoffbeplankung	85,00	84	71,40
Stulpschaltung	64,20	84	53,93
Haustür, Holz	2.500,00	1	25,00
Fenster, Holz, U_g = 0,9, 1.200 mm × 1.500 mm	613,00	16	98,08
LM-Rollladen, manuell	180,00	15	27,00
Makroelement €/m²			**316,83**

KG 340 INNENWÄNDE			
Kellerinnenwände, KS, Anstrich, Kellertür			
Element	**Preis (€)**	**Anteil am GE (%)**	**Anteil (€/m² bzw. m³)**
Disp. auf MW, scheuerbeständig	5,50	200	11,00
KS 12/1,2, *d* = 11,5 cm, Fugenglattstrich	50,00	70	35,00
KS 12/1,2, *d* = 17,5 cm, Fugenglattstrich	70,00	30	21,00
Zinkaltür und Stahlzarge, 875 mm × 2.000 mm	172,00	8	13,76
Makroelement €/m²			**80,76**
Innenwände, KS, I-Putz, Tapete, Anstrich, Fliesen, Tür			
Element	**Preis (€)**	**Anteil am GE (%)**	**Anteil (€/m² bzw. m³)**
Raufaser, Disp., scheuerbeständig	12,90	180	23,22
Wandfliesen, uni, 10 cm × 20 cm	65,30	20	13,06
Gipsputz, geglättet	15,50	200	31,00
KS 12/1,2, *d* = 11,5 cm	45,00	70	31,50
KS 12/1,2, *d* = 17,5 cm	65,00	30	19,50
Innentür und Zarge, Holz	290,00	10	29,00
Makroelement €/m²			**147,28**

Innenwände, StB., Putz, GK, Vlies und Anstrich, Fliesen, Tür			
Element	**Preis (€)**	**Anteil am GE (%)**	**Anteil (€/m² bzw. m³)**
Malervlies, Disp., scheuerbeständig	14,60	180	26,28
Wandfliesen, uni, 10 cm × 20 cm	65,30	20	13,06
Gipsputz Q3, geglättet	18,20	40	7,28
Metallständer, $d = 12{,}5$ cm, doppelt beplankt	64,00	80	51,20
C 20/25, glatte Schalung, $d = 20$ cm	100,00	20	20,00
Innentür und Zarge, Holz	290,00	10	29,00
Makroelement €/m²			**146,82**

Innenwände, Holzständerwerk, Schalung, GK-Bekl., Fliesen, Tür			
Element	**Preis (€)**	**Anteil am GE (%)**	**Anteil (€/m² bzw. m³)**
Malervlies, Disp., scheuerbeständig	14,60	180	26,28
Wandfliesen, uni, 10 cm × 20 cm	65,30	20	13,06
GK-Bekl., Trockenputz	14,50	200	29,00
Holzständer, $d = 12$, MW 60 mm, Holzwerkstoffbeplankung	65,00	100	65,00
Innentür und Zarge, Holz	290,00	10	29,00
Makroelement €/m²			**162,34**

Innenwände, Wohnungstrennwand, KS, I-Putz, Anstrich, Wohnungstür			
Element	**Preis (€)**	**Anteil am GE (%)**	**Anteil (€/m² bzw. m³)**
Raufaser, Disp., scheuerbeständig	12,90	90	11,61
Glasfaser, Acrylanstrich	17,00	100	17,00
Wandfliesen, uni, 10 cm × 20 cm	65,30	10	6,53
Gipsputz, geglättet	15,50	200	31,00
KS 12/1,8, $d = 24$ cm	75,00	100	75,00
Wohnungstür, 37 dB, 1.000 mm × 2.000 mm	740,00	15	111,00
Makroelement €/m²			**252,14**
Innenwände, Haustrennwand, KS, I-Putz, Anstrich			
Element	**Preis (€)**	**Anteil am GE (%)**	**Anteil (€/m² bzw. m³)**
Raufaser, Disp., scheuerbeständig	12,90	190	24,51
Wandfliesen, uni, 10 cm × 20 cm	65,30	10	6,53
Gipsputz, geglättet	15,50	200	31,00
KS 12/1,8, $d = 2 \cdot 17{,}5$ cm, MW-WD 40 mm	132,00	100	132,00
Makroelement €/m²			**194,04**

KG 350 DECKEN

StB., Estrich, TSD, Textilbelag, Fliesen, StB.-Treppe

Element	Preis (€)	Anteil am GE (%)	Anteil (€/m² bzw. m³)
Textilbelag, Sockelleiste 50 mm	31,20	75	23,40
Bodenfliesen, 10/20 cm, Feinsteinzeug	75,00	10	7,50
Estrich, CT 20-S 50, PS 32/30	22,80	85	19,38
Decke, StB. C20/25, $d = 18$ cm	80,00	95	76,00
Deckengipsputz, Q3, geglättet	19,30	85	16,41
Disp.	5,45	85	4,63
StB.-Treppe, Granitbelag, Putz, Disp., Stahlgeländer	4.350,00	1	43,50
Makroelement €/m²			**190,82**

Geschossdecke aus Filigranplatten, Estrich, TSD, Parkett, Fliesen, StB.-Treppe

Element	Preis (€)	Anteil am GE (%)	Anteil (€/m² bzw. m³)
Parkett, Buche geölt	75,00	75	56,25
Bodenfliesen, 10/20 cm, Feinsteinzeug	75,00	10	7,50
Estrich, CT 20-S 50, PS 32/30	22,80	85	19,38
Geschossdecke aus Filigranplatten, C20/25, $d = 18$ cm	71,00	95	67,45
Teilspachtelung, Disp. auf Beton	7,15	85	6,08

Fertigteiltreppe, Holzbelag, Disp., Stahlgeländer	4.125,00	1	41,25
Makroelement €/m²			**197,91**

Geschossdecke aus Filigranplatten, Estrich, TSD, PVC-Belag, Fliesen, StB.-Treppe			
Element	**Preis (€)**	**Anteil am GE (%)**	**Anteil (€/m² bzw. m³)**
PVC-Belag	29,80	75	22,35
Bodenfliesen, 10/20 cm, glasiert	65,00	10	6,50
Estrich, CT 20-S 50, PS 32/30	22,80	85	19,38
Decke, Filigranplatten, C 20/25, $d = 18$ cm	71,00	95	67,45
Teilspachtelung, Disp. auf Beton	7,15	85	6,08
Fertigteiltreppe, Fliesenbelag, Disp., Stahlgeländer	4.100,00	1	41,00
Makroelement €/m²			**162,76**

Bürogebäude: Geschossdecke aus Filigranplatten, Hohlraumboden, Textilbelag, Fliesen, MW-Decke, StB.-Treppe			
Element	**Preis (€)**	**Anteil am GE (%)**	**Anteil (€/m² bzw. m³)**
Textilbelag, antistatisch	34,70	85	29,50
Bodenfliesen, 10/10, glasiert	63,00	5	3,15
Hohlboden, mehrschichtig, 150 mm, F30	39,70	90	35,73
Geschossdecke aus Filigranplatten, C 20/25, $d = 18$ cm	71,00	95	67,45

Akustikdecke, sichtbare UK	38,50	90	34,65
Fertigteiltreppe, Fliesenbelag, Disp., Stahlgeländer	4.100,00	1	41,00
Makroelement €/m²			**211,48**
Brettstapel-Decke, sichtbar, Trockenestrich, Linoleum, Fliesen, Holztreppe			
Element	**Preis (€)**	**Anteil am GE (%)**	**Anteil (€/m² bzw. m³)**
Linoleumbelag	33,60	75	25,20
Bodenfliesen, 10/20, glasiert	65,00	10	6,50
Trockenestrich, GF 1 · 23 mm + 15 WF	35,80	85	30,43
Brettstapeldecke, sichtbar, 200 mm	98,00	95	93,10
Holzlasur, weiß	10,50	85	8,93
Holztreppen, Holzgeländer	4.600,00	1	46,00
Makroelement €/m²			**210,16**
Holzbalkendecke, GK-Bekl., Trockenestrich, Linoleum, Fliesen, Holztreppe			
Element	**Preis (€)**	**Anteil am GE (%)**	**Anteil (€/m² bzw. m³)**
Linoleumbelag	33,60	75	25,20
Bodenfliesen, 10/20, glasiert	65,00	10	6,50
Trockenestrich, GF 1 · 23 mm + 15 WF	35,80	85	30,43

Decke, Konstruktionsvollholz, Fehlboden, Schüttung, Schalung	58,60	95	55,67
GK-Bekl., F30	58,00	85	49,30
Holztreppen, Holzgeländer	4.600,00	1	46,00
Makroelement €/m²			**213,10**

KG 360 DÄCHER (DA)

Flachdach, StB., I-Putz, Anstrich, PS-Dämmung, Folienabdeckung, Kies

Element	**Preis (€)**	**Anteil am GE (%)**	**Anteil (€/m² bzw. m³)**
Disp.	5,45	85	4,63
DA-Gipsputz, Q3, geglättet	19,00	85	16,15
DA, StB. C 20/25, $d = 18$ cm, Attika	88,00	100	88,00
Abdichtung Folie PVC, PS-Dämmung mit Gefälle, i. M. 180 mm, Kies, Attikabedeckung Aluminium	125,00	100	125,00
Sekuranten	235,00	3	7,05
Makroelement €/m²			**240,83**

Flachdach, StB., I-Putz, Anstrich, PS-Dämmung, Folienabdeckung, Kies, Lichtkuppel

Element	**Preis (€)**	**Anteil am GE (%)**	**Anteil (€/m² bzw. m³)**
Disp.	5,45	85	4,63

DA-Gipsputz, Q3, geglättet	19,00	85	16,15
DA, StB. C 20/25, $d = 18$ cm, Attika	88,00	100	88,00
Abdichtung Folie EPDM, PS-Dämmung mit Gefälle, i. M. 180 mm, Kies, Attikabedeckung Aluminium	128,50	100	128,50
Lichtkuppel, Acryl, dreischalig	1.550,00	5	77,50
Sekuranten	235,00	3	7,05
Makroelement €/m²			**321,83**
Flachdach, StB., I-Putz, Anstrich, PS-Dämmung, Folienabdeckung, Gründach, Lichtkuppel			
Element	**Preis (€)**	**Anteil am GE (%)**	**Anteil (€/m² bzw. m³)**
Disp.	5,45	85	4,63
DA-Gipsputz, Q3, geglättet	19,00	85	16,15
DA, StB. C 20/25, $d = 18$ cm, Attika	88,00	98	86,24
Abdichtung Folie EPDM, Wurzelschutz, PS-Dämmung mit Gefälle, i. M. 180 mm, Attikabedeckung Aluminium	137,00	98	134,26
Gründach, extensiv, Sedum	40,00	80	32,00
Lichtkuppel, Acryl, dreischalig	1.550,00	5	77,50
Dachausstieg	1.900,00	1	19,00
Sekuranten	235,00	3	7,05
Makroelement €/m²			**376,83**

Flachdach, Holzbalken, GK-Bekl., MW-Dämmung, Bitumenabdeckung, Kies			
Element	**Preis (€)**	**Anteil am GE (%)**	**Anteil (€/m² bzw. m³)**
Disp.	5,45	85	4,63
GK-Bekl. 12,5 mm, UK	37,50	85	31,88
DA, Holz flach, S10, MW 200 mm	79,00	98	77,42
Dachabdichtung PYE-G200 S5+PYE KTP S5, Attikaabdeckung Aluminium, Kies	86,80	98	85,06
Sekuranten	235,00	4	9,40
Makroelement €/m²			**208,39**

Schrägdach, Holz, Pfetten, Betondachstein, GK-Bekl., MW-WD, Disp., Zinkrinne, Dachfenster			
Element	**Preis (€)**	**Anteil am GE (%)**	**Anteil (€/m² bzw. m³)**
Disp.	5,45	85	4,63
GK-Bekl. 12,5 mm, UK	37,50	85	31,88
DA, Holz, Pfetten, S10, MW-WD 200 mm	60,00	100	60,00
Betondachstein, Anschl. Zink	74,50	100	74,50
DA-Fenster, Schwingflügel 1.140 mm × 1.600 mm	1.150,00	4	46,00
Makroelement €/m²			**217,01**

Schrägdach mit Gauben, Holz, Pfetten, Betondachstein, GK-Bekl., MW-WD, Disp., Zinkrinne, Dachfenster			
Element	**Preis (€)**	**Anteil am GE (%)**	**Anteil (€/m² bzw. m³)**
Disp.	5,45	85	4,63
GK-Bekl. 12,5 mm, UK	37,50	85	31,88
DA, Holz, Pfetten, S10, MW-WD 200 mm	60,00	85	51,00
Betondachstein, Anschl. Zink	74,50	85	63,33
DA-Fenster, Schwingflügel 1.140 mm × 1.600 mm	1.150,00	4	46,00
Dachgaube, Zinkblechverklei-dung	1.950,00	5	97,50
Makroelement €/m²			**294,34**
Pultdach, Holz, Pfetten, Zinkblech, GK-Bekl., MW-WD, Disp., Zinkrinne			
Element	**Preis (€)**	**Anteil am GE (%)**	**Anteil (€/m² bzw. m³)**
Disp.	5,45	85	4,63
GK-Bekl. 12,5 mm, UK	37,50	85	31,88
DA, Holz, Pfetten, S10, MW-WD 200 mm, Schalung	60,00	100	60,00
Zinkblechverkleidung	120,00	100	120,00
Makroelement €/m²			**216,51**

Pultdach, Holz, Pfetten, PVC, GK-Bekl., MW-WD, Disp., Zinkrinne			
Element	**Preis (€)**	**Anteil am GE (%)**	**Anteil (€/m² bzw. m³)**
Disp.	5,45	85	4,63
GK-Bekl. 12,5 mm, UK	37,50	85	31,88
DA, Holz, Pfetten, S10, MW-WD 200 mm, Schalung	60,00	100	60,00
DA-Abdichtung PVC, Zinkblech-blenden	44,70	100	44,70
Makroelement €/m²			**141,21**

Pultdach, Holz, Pfetten, Schalung, Betondachstein, GK-Bekl., MW-WD, Disp., Zinkrinne			
Element	**Preis (€)**	**Anteil am GE (%)**	**Anteil (€/m² bzw. m³)**
Disp.	5,45	85	4,63
GK-Bekl. 12,5 mm, UK	37,50	85	31,88
DA, Holz, Pfetten, S10, MW-WD 200 mm, Schalung	60,00	100	60,00
DA, regensicheres Unterdach, Bitumen	24,00	100	24,00
Betondachstein, Anschl. Zink	70,00	100	70,00
Makroelement €/m²			**120,51**

KG 370 BAUKONSTRUKTIVE EINBAUTEN

Briefkastenanlage, vierteilig, Klingel, wandmontiert (je Nutzer)

Element	Preis (€)	Anteil am GE (%)	Anteil (€/m² bzw. m³)
Hausbriefkasten, 4 WE, AP	480,00	25	120,00
Klingelfeld mit Beleuchtung	115,00	25	28,75
Makroelement €/m²			**148,75**

Briefkastenanlage, achtteilig, Klingel, frei stehend (je Nutzer)

Element	Preis (€)	Anteil am GE (%)	Anteil (€/m² bzw. m³)
Hausbriefkasten, 8 WE, Ovalrohr	1.750,00	13	227,50
Klingelfeld mit Beleuchtung	67,00	13	8,71
Makroelement €/m²			**236,21**

Thekenanlage für Empfang, Echtholzfurnier, Ahorn

Element	Preis (€)	Anteil am GE (%)	Anteil (€/m² bzw. m³)
Thekenanlage Ahorn, 5.000 mm	12.100,00	20	2.420,00
Thekenplatte, Glas, 5.000 mm	2.100,00	20	420,00
Ausstattung, 5.000 mm	3.500,00	20	700,00
Makroelement €/m²			**3.540,00**

Aktenschrank, Korpus weiß, Türen Buchenfurnier			
Element	**Preis (€)**	**Anteil am GE (%)**	**Anteil (€/m² bzw. m³)**
Korpus mit E-Böden, *b* = 1.000 mm	415,00	100	415,00
Schranktür 500 mm, Buchefurnier	2.230,00	200	4.460,00
Schließzylinder	1,50	68	1,02
Makroelement €/m²			**4.876,02**
Teeküche, 2.700 mm, Holzwerkstoff, grau			
Element	**Preis (€)**	**Anteil am GE (%)**	**Anteil (€/m² bzw. m³)**
Unterschränke mit Türen, E-Böden	265,00	270	715,50
Arbeitsplatte	140,00	270	378,00
Oberschränke mit Türen	230,00	270	621,00
Geschirrspüler, Spüle	1.480,00	37	1.093,50
Minikühlschrank	620,00	37	999,00
Makroelement €/m²			**3.807,00**

KG 390 SONSTIGE MASSNAHMEN			
Baustelleinrichtung EFH/DHH			
Element	**Preis (€)**	**Anteil am GE (%)**	**Anteil (€/m² bzw. m³)**
Baustelleneinrichtung, Standard	3.550,00	0,8	28,40
Chemietoilette aufstellen, unterhalten	91,00	8	7,28
Turmdrehkran	4.100,00	0,6	24,60
Makroelement €/m²			**60,28**
Baustellenrichtung Bürogebäude/ MFH			
Element	**Preis (€)**	**Anteil am GE (%)**	**Anteil (€/m² bzw. m³)**
Baustelleneinrichtung, Standard	5.600,00	0,1	5,60
WC-Container, Unterhalt	270,00	0,4	1,08
Bürocontainer, Unterhalt	510,00	0,6	3,06
Turmdrehkran, 35 tm	7.450,00	0,1	7,45
sonstige Leistungen	1.700,00	0,1	1,70
Makroelement €/m²			**18,89**
Winterbaumaßnahme			
Element	**Preis (€)**	**Anteil am GE (%)**	**Anteil (€/m² bzw. m³)**
Bauheizung, Strom	255,00	0,4	1,02
Betrieb Bauheizung	51,00	6	3,06

Fenster- und Türöffnungen verschließen	16,45	16	2,63
Makroelement €/m²			**6,71**
Bautrocknung			
Element	**Preis (€)**	**Anteil am GE (%)**	**Anteil (€/m² bzw. m³)**
Kondensattrockner	50,00	0,3	0,15
Betriebskosten je Stunde	5,50	150	8,25
Makroelement €/m²			**8,40**
Fassadengerüst, LK 3, Wo6			
Element	**Preis (€)**	**Anteil am GE (%)**	**Anteil (€/m² bzw. m³)**
Fassadengerüst, Arbeitsgerüst, LK3, W06	5,90	100	5,90
Gebrauchsüberlassung	0,40	1200	4,80
Dachfanggerüst	8,90	10	0,89
Makroelement €/m²			**11,59**

KG 410 ABWASSER-, WASSER-, GASANLAGEN (SANITÄR)			
Sanitär, mittlerer Standard, EFH			
Element	**Preis (€)**	**Anteil am GE (%)**	**Anteil (€/m² bzw. m³)**
Unterflur-Hebeanlage, Rohranteil	1.600,00	1	16,00
Sanitärinstallation UG	1.400,00	1	14,00

Sanitärinstallation Küche	1.350,00	1	13,50
Sanitärinstallation Gäste-WC (Handwaschbecken, WC)	2.100,00	1	21,00
Sanitärinstallation Bad (Dusche, Wanne, Waschtisch, WC)	5.900,00	1	59,00
Wasserversorgung, Rohrleitungen Kunststoff	1.850,00	1	18,50
Abwasserleitungen	2.000,00	1	20,00
Strangentlüftung	375,00	1	3,75
Makroelement €/m²			**165,75**
Sanitär, mittlerer Standard, MFH mit 6 WE			
Element	**Preis (€)**	**Anteil am GE (%)**	**Anteil (€/m² bzw. m³)**
Unterflur-Hebeanlage, Rohranteil	2.100,00	1	21,00
Sanitärinstallation UG	2.200,00	1	22,00
Sanitärinstallation Wohnung bis 50 m² (Küche, kleines Bad)	5.900,00	2	118,00
Sanitärinstallation Wohnung bis 65 m² (Küche, Bad)	6.570,00	2	131,40
Sanitärinstallation Wohnung bis 80 m² (Küche, Bad, Gäste-WC)	8.425,00	2	168,50
Wasserversorgung, Rohrleitungen Kunststoff	9.500,00	1	95,00
Abwasserleitungen	3.750,00	1	37,50
Strangentlüftung	375,00	1	3,75
Makroelement €/m²			**597,15**

KG 420 WÄRMEVERSORGUNGSANLAGEN			
Raumheizung, Gas-Brennwertheizkessel, Speicher, EFH			
Element	**Preis (€)**	**Anteil am GE (%)**	**Anteil (€/m² bzw. m³)**
Flachheizkörper je m² NF	39,00	140	54,60
Gas-Brennwertheizkessel, 200-l-Speicher	6.500,00	1	65,00
Abgasanlage	1.350,00	1	13,50
Makroelement €/m²			**133,10**
Raumheizung, Wärmepumpe, Speicher, EFH			
Element	**Preis (€)**	**Anteil am GE (%)**	**Anteil (€/m² bzw. m³)**
Fußbodenheizung je m² NF	50,00	140	70,00
Wärmepumpe L/W, 10 kW	11.200,00	1	112,00
Warmwasser- und Pufferspeicher	3.000,00	1	30,00
Makroelement €/m²			**212,00**
Raumheizung, Gas-Brennwertheizkessel, MFH mit 6 WE			
Element	**Preis (€)**	**Anteil am GE (%)**	**Anteil (€/m² bzw. m³)**
Flachheizkörper Treppenhaus	1.700,00	1	17,00
Flachhheizkörper Wohnung 50 m²	1.750,00	2	35,00
Flachhheizkörper Wohnung 65 m²	2.350,00	2	47,00

Flachhheizkörper Wohnung 80 m²	3.200,00	2	64,00
Kunststoffrohranteil, Dämmung	7.750,00	1	77,50
Gas-Brennwertheizkessel, 500-l-Speicher	17.000,00	1	170,00
Abgasanlage	1.350,00	1	13,50
Makroelement €/m²			**424,00**

KG 430 LÜFTUNGSANLAGEN			
Lüftungsanlage EFH (Küche, Bad)			
Element	**Preis (€)**	**Anteil am GE (%)**	**Anteil (€/m² bzw. m³)**
Kleinraumlüfter, DN 120	280,00	2	5,60
Lüftungsrohr	150,00	1	1,50
Dachauslass	200,00	1	2,00
Makroelement €/m²			**9,10**
Lüftungsanlage EFH (kontrollierte Wohnraumlüftung)			
Element	Preis (€)	Anteil am GE (%)	Anteil (€/m2 bzw. m3)
Lüftungsanlage mit Wärmerückgewinnung	7.200,00	1	72,00
Rohrleitung	1.600,00	1	16,00
Fassadenauslass	350,00	1	3,50
Makroelement €/m²			**91,50**

Lüftungsanlage MFH mit 6 WE (Küche, Bad, WC)			
Element	Preis (€)	Anteil am GE (%)	Anteil (€/m2 bzw. m3)
Kleinraumlüfter, Wandauslass	300,00	6	18,00
Kleinraumlüfter, Brandschutz-klappe	400,00	12	48,00
Steigstrang	123,00	10	12,30
Lüftungsauslass	195,00	3	5,85
Makroelement €/m²			**84,15**

KG 440 ELEKTROINSTALLATION			
Elektroinstallation EFH			
Element	**Preis (€)**	**Anteil am GE (%)**	**Anteil (€/m² bzw. m³)**
Elektroinstallation Kellerraum	285,00	2	5,70
Elektroinstallation Wäscheraum	350,00	1	3,50
Elektroinstallation Heizungs-raum	435,00	1	4,35
Elektroinstallation Flur (UG, EG, OG)	263,00	3	7,89
Elektroinstallation Küche	840,00	1	8,40
Elektroinstallation WC	108,00	1	1,08
Elektroinstallation Wohnzimmer	1.275,00	1	12,75
Elektroinstallation Terrasse	210,00	1	2,10

Elektroinstallation Eingangsbereich	235,00	1	2,35
Elektroinstallation Zimmer OG	530,00	3	15,90
Elektroinstallation Bad	415,00	1	4,15
Elektroinstallation DG	360,00	1	3,60
Elektroinstallation Garage	260,00	1	2,60
Telefonverkabelung	400,00	1	4,00
TV-/EDV-Verkabelung	845,00	1	8,45
Makroelement €/m²			**86,82**
Elektroinstallation MFH mit 6 WE			
Element	**Preis (€)**	**Anteil am GE (%)**	**Anteil (€/m² bzw. m³)**
Erdungsanlage	270,00	1	2,70
Zähleranlage, 6 WE	2.780,00	1	27,80
Elektroinstallation Wohnung 50 m²	3.100,00	2	62,00
Elektroinstallation Wohnung 65 m²	3.500,00	2	70,00
Elektroinstallation Wohnung 80 m²	4.700,00	2	94,00
Elektroinstallation Kellerraum	205,00	6	12,30
Elektroinstallation Wäscheraum	535,00	1	5,35
Elektroinstallation Heizungsraum	820,00	1	8,20
Elektroinstallation Treppenhaus	1.000,00	1	10,00

Elektroinstallation Eingangsbereich	675,00	1	6,75
Telefonverkabelung	230,00	6	13,80
TV-Verkabelung	195,00	6	11,70
Gegensprechanlage	2.300,00	1	23,00
Makroelement €/m²			**347,60**

7.5 Abkürzungsverzeichnis

AGK	allgemeine Geschäftskosten
Anschl.	Anschluss
AP	Aufputz
AVA	Ausschreibung, Vergabe, Abrechnung
AW	Außenwand
Besch.	Beschichtung (Anstrich)
BetrKV	Betriebskostenverordnung
BG	Baugrube
BGF	Bruttogrundfläche
BGK	Baustellengemeinkosten
BIM	Building Information Management
Bkl.	Bodenklasse
BMVBW	Bundesministerium für Verkehr, Bau und Wohnungswesen
BMVBS	Bundesministerium für Verkehr, Bau und Stadtentwicklung
BNB	Bewertungssystem Nachhaltiges Bauen
BRI	Bruttorauminhalt
C	Druckfestigkeit (Betonqualität)
CT 20-S 50	Zementestrich, Festigkeitsklasse 20, Nenndicke 50 mm
DA	Dach (Kostenelement)
DF	Dünnformat
DG	Dachgeschoss
DGNB	Deutsche Gesellschaft für Nachhaltiges Bauen
DHH	Doppelhaushälfte
Disp.	Dispersionsanstrich
DN	Nenndurchmesser

DWG	Drawing, Dateiformat von digitalen mit AutoCAD erstellten Zeichungen
E-Boden	Einlegeböden
EFH	Einfamilienhaus
EG	Erdgeschoss
EKT	Einzelkosten der Teilleistungen
EP	Einheitspreis
EPDM	Ethylen-Propylen-Dien-Terpolymer (Kunststoff-Dachbahn)
EPS	expandiertes Polystyrol
ESG	Einscheiben-Sicherheitsglas
ET	Widerstandsklasse bei einbruchhemmenden Türen (alte Bezeichnung; neu: WK 1 bis 6)
F30	Feuerwiderstandsklasse 30
FE	Feinelement
FT-Bäder	Fertigteil-Bäder
F-Türen	Fenster-Türen
G 200 DD	Bezeichnung für eine Abdichtungsbahn
G200S4	Bitumenschweißbahn, Nenndicke 4 mm
GAEB	Gemeinsamer Ausschuss Elektronik im Bauwesen
GaLa	Garten- und Landschaftsbau
GE	Grobelement
Gef.-Wärmedämmung	Gefälle-Wärmedämmung
GF	Gipsfaser
GK	Gipsplatte (früher: Gipskartonplatte)
GK-Bekl.	Gipsplatten-Bekleidung
GK-Decke	Gipskartondecke
GP	Gesamtpreis

GU	Generalunternehmer
GÜ	Generalübernehmer
HF	Holzweichfaser
HK	Herstellkosten
HLz	Hochlochziegel
HOAI	Honorarordnung für Architekten und Ingenieure
HPL	Hochdruck-Schichtpressstoffplatten
IFC	Industry Foundation Classes
i. M.	im Mittel
Instal.-Ebene	Installationsebene
I-Putz	Innenputz
IW	Innenwand
KG	Kostengruppe
KH	Konstruktionshöhe
KMB	kunstoffmodifiziertes Bitumen (Abdichtung)
KS	Kalksandstein
KST	Kunststoff
KVH	Konstruktionsvollholz
kW	Kilowatt
L/W	Luft/Wasser (Bezeichnung bei Wärmepumpen)
LAGA Z	Länderarbeitsgemeinschaft Abfall, Zuordnung der Einbauklasse (Z0 für uneingeschränkten Einbau bis Z5 für Sonderabfalldeponie)
LDF	Lang-Dünnformat
LM	Leichtmetall
LPH	Leistungsphase
LV	Leistungsverzeichnis

ME	Makroelement
MFH	Mehrfamilienhaus
MMS	Mengenermittlung mit System
MW	Mauerwerk
MW-WD	Mineralwolle-Wärmedämmung
NF	Normalformat (Bezeichnung nach DIN)
NUF	Nutzungsfläche (Bezeichnung nach DIN 277-1)
OG	Obergeschoss
PPW	Porenbeton Planstein wärmedämmend
PS	Polystyrol
PUR	Polyuretan
PYE-G200 S5	Polymerbitumendachbahn, 5 mm dick
Q3	Oberflächenqualitätsstufe 3
RWA	Rauch-Wärme-Abzug
SB-Klasse	Sichtbetonklasse
SiGeKo-Auflagen	Sicherheits- und Gesundheitsschutz-koordinationsauflagen
StB.	Stahlbeton
StB.-wu	wasserundurchlässiger Stahlbeton
StLB.	Standardleistungsbuch
Str.-Fund.	Streifenfundament
TG	Tiefgarage
TGA	technische Gebäudeausrüstung
tm	Tonnenmeter (Bezeichnung für die Belastungsgröße und Reichweite eines Baukranes)
TRH	Treppenhaus
TSD	Trittschalldämmung
U-Blende	U-förmige Blende

UG	Unter-/Kellergeschoss
UK	Unterkonstruktion
üNN	über Normalnull
VIP	Vakuumisolationspaneele
VOB	Vertrags- und Vergabeordnung für Bauleistungen
VSG	Verbund-Sicherheitsglas
WD	Wärmedämmung
WDVS	Wärmedamm-Verbundsystem
WE	Wohneinheiten
WertR	Wertermittlungsrichtlinien
WF	Holzweichfaser-Dämmplatte
WLG	Wärmeleitgruppe
wu	wasserundurchlässig (in Verbindung mit Stahlbeton)
WU-Beton	wasserundurchlässiger Beton
WuG	Anteile für Wagnis und Gewinn
XC	Widerstand gegen chemische Einwirkungen (Betonqualität)
XF	Widerstand gegen Frosteinwirkung (Betonqualität)
XPS	extrudiertes Polystyrol (z. B. Perimeterdämmung)
ZDB	Zentralverband des Deutschen Baugewerbes

8 Literaturverzeichnis

8.1 Normenverzeichnis

DIN 276:2018-12 Kosten im Bauwesen

DIN 277-1:2016-01 Grundflächen und Rauminhalte im Bauwesen – Teil 1: Hochbau

DIN 18960:2008-02 Nutzungskosten im Hochbau

DIN 31051:2019-06 Grundlagen der Instandhaltung

8.2 Rechtsvorschriften

Bürgerliches Gesetzbuch (BGB) in der Fassung der Bekanntmachung vom 02.01.2002, zuletzt geändert am 31.01.2019

Richtlinien für die Ermittlung der Verkehrswerte (Marktwerte) von Grundstücken (Wertermittlungsrichtlinien WertR) 2006, Bundesministerium für Verkehr, Bau- und Wohnungswesen

Verordnung über die Aufstellung von Betriebskosten (Betriebskostenverordnung – BetrKV), vom 25.11.2003, zuletzt geändert am 03.05.2012

Verordnung über die Honorare für Architekten- und Ingenieurleistungen (Honorarordnung für Architekten und Ingenieure – HOAI) vom 10.07.2013

8.3 Literatur

Aurnhammer, H. E.: Verfahren zur Bestimmung von Wertminderungen bei (Bau-)Mängeln und (Bau-)Schäden. In: Oswald, Rainer (Hrsg.): Aachener Bausachverständigentage 1978. Stuttgart: Forum Verlag, 1978, Seite 48–59

BKI Baukosten Gebäude Neubau – Statistische Kostenkennwerte (Teil 1). Stuttgart: Baukosteninformationszentrum Deutscher Architektenkammern (BKI), 2018

Borrmann, André; Braun, Matthias; Elixmann, Robert; Eschenbruch, Klaus; Hausknecht, Kerstin; Hochmuth, Markus; König, Markus; Liebich, Thomas; Scheffer, Markus; Singer, Dominic: Wissenschaftliche Begleitung der BMVI Pilotprojekte zur Anwendung von BIM im Infrastrukturbau, Zwischenbericht Wissenschaftliche Begleitung im Auftrag des Bundesministeriums für Verkehr und digitale Infrastruktur (BMVI), 08.07.2016

Borrmann, André; Beetz, Jakob; Koch, Christian; König, Markus: Building Information Modeling: Technologische Grundlagen und industrielle Praxis. Wiesbaden: Springer Vieweg, 2015

Both, Petra von; Kindsvater, Andreas; Koch, Volker: BIM – Potentiale, Hemmnisse und Handlungsplan: Analyse der Potentiale und Hemmnisse bei der Umsetzung der integrierten Planungsmethodik Building Information Modeling – BIM – in der deutschen Baubranche und Ableitung eines Handlungsplanes zur Verbesserung der Wettbewerbssituation. Stuttgart: Fraunhofer IRB Verlag, 2013

Drees, Gerhard; Paul, Wolfgang: Kalkulation von Baupreisen. 9. Aufl. Berlin: Bauwerk Verlag 2006

Keldungs, Karl-Heinz: VOB/B § 2 Nr. 3. In: Ingenstau, Heinz; Korbion, Hermann: VOB-Kommentar. 16. Aufl. Neuwied: Wolters Kluwer 2007, Randnummer 35, Seite 990

Leitfaden „Nachhaltiges Bauen – Bewertung der Nachhaltigkeit von Gebäuden und Liegenschaften“. Hrsg.: Bundesministerium für Verkehr, Bau- und Wohnungswesen. 2. Nachdruck. Bonn: BMVBW, 2001

Oswald, Rainer; Abel, Ruth: Hinzunehmende Unregelmäßigkeiten bei Gebäuden. 3. Aufl. Wiesbaden: Viehweg-Verlag, 2005

Seifert, Werner; Preussner, Mathias: Baukostenplanung. 3. Aufl. Köln: Werner Verlag, 2009

Sundermeier, Matthias: Nachträge bei Mengenabweichungen. In: Würfele, Falk; Gralla, Mike: Nachtragsmanagement. Köln: Werner Verlag, 2006, Randnummern 1206 bis 1208, Seite 325

Warkotsch, Achim: Zusammenführen von Entwurf und Kostenplanung AVA und Kostenplanung in Zeiten von BIM. In: Deutsches Ingenieurblatt 07-08 2017, Seite 8–9

Wertermittlungsrichtlinien 2006. Berlin: Bundesministerium für Verkehr, Bau und Wohnungswesen (BMVBS), 2006

8.4 Internetquellen

Bundesinstitut für Bau-, Stadt- und Raumforschung: Nutzungsdauern von Bauteilen zur Lebenszyklusanalyse nach BNB [online]. Bonn. Internet: http://www.nachhaltigesbauen.de/fileadmin/pdf/baustoff_gebauededaten/BNB_Nutzungsdauern_von_Bauteilen__2011-11-03.pdf. Stand: 03.11.2011 [Zugriff: 04.11.2012]

9 Stichwortverzeichnis